PU *Psychologia Universalis*

Psychologia Universalis
Neue Reihe ; Band 1 (1996)

Editors:
V. Sarris, Editor-in-Chief (Frankfurt a.M.)
M. Amelang (Heidelberg)
N. Birbaumer (Tübingen)
F. Strack (Würzburg)
F. Wilkening (Tübingen)

begründet und fortgeführt von
E. Bay, W. Hellpach, G. A. Lienert, W. Metzger,
H. J. Steingrüber, H. Thomae, W. Witte

Psychologia Universalis veröffentlicht herausragende Forschungsarbeiten - Dissertationen und Habilitationen - aus allen Bereichen der Psychologie. Bei der Auswahl der ausgezeichneten Arbeiten wird besonderer Wert auf die Internationalität der Beiträge gelegt. Die Autorinnen und Autoren sollen bereits Teile ihrer Schrift auf internationalen Tagungen oder in Form von englischsprachigen Aufsätzen zur Diskussion gestellt haben. Auch dadurch soll einerseits der hohe Standard der Schrift gesichert und andererseits der Nachwuchs in Psychologie gefördert werden.

Die Editors

Neurobiologie der Sprache

Gehirntheoretische Überlegungen und empirische Befunde zur Sprachverarbeitung

Habilitationsschrift

vorgelegt an der

Medizinischen Fakultät der Eberhard-Karls-Universität Tübingen

von

Friedemann Pulvermüller

Tübingen, November 1994

Gutachter:
Prof. Dr. Niels Birbaumer
Prof. Dr. Dr. Joaquin Fuster
Prof. Dr. Hans J. Heinze

PABST SCIENCE PUBLISHERS
Lengerich, Berlin, Düsseldorf, Leipzig,
Riga, Scottsdale AZ (USA), Wien, Zagreb

CIP Titelaufnahme der Deutschen Bibliothek

Pulvermüller, Friedemann:
Neurobiologie der Sprache : gehirntheoretische Überlegungen und empirische Befunde zur Sprachverarbeitung / vorgelegt von Friedemann Pulvermüller. - Lengerich ; Berlin ; Düsseldorf ; Leipzig ; Riga ; Scottsdale AZ (USA) ; Wien ; Zagreb : Pabst, 1996
  (Psychologia universalis ; N.R., Bd. 1)
  Zugl.: Tübingen, Univ., Habil.-Schr., 1994
  ISBN 3-931660-26-5
NE: GT

Das Werk, einschließlich aller seiner Teile, ist urheberrechtlich geschützt. Jede Verwertung außerhalb der engen Grenzen des Urheberrechtsgesetzes ist ohne Zustimmung des Verlages unzulässig und strafbar. Das gilt insbesondere für Vervielfältigungen, Übersetzungen, Mikroverfilmungen und die Einspeicherung und Verarbeitung in elektronischen Systemen.

© 1996 PD Dr. Friedemann Pulvermüller, D-72074 Tübingen

Konvertierung: Claudia Döring

ISBN 3-931660-26-5

Vorwort

Diese Arbeit faßt Überlegungen und empirische Untersuchungen zusammen, zu denen viele Kollegen und Freunde wesentlich beigetragen haben. Danken möchte ich vor allem Valentin Braitenberg, auf dessen Ideen der hier vorgestellte sprachbiologische Ansatz zurückgeht, und ohne dessen kontinuierliche Unterstützung und Ermutigungen diese Arbeit nicht möglich gewesen wäre. In seiner Abteilung am Max Planck-Institut für Biologische Kybernetik in Tübingen begannen wir, die von Donald Hebb formulierte Gehirntheorie zu nutzen, um Sprachprozesse im menschlichen Gehirn zu modellieren. Von den Mitarbeitern dieser Gruppe möchte ich vor allem Almut Schüz und Hubert Preißl für ihre Hilfe und Unterstützung danken. Von 1991 bis 1993 war es möglich, an der University of California in Los Angeles sowohl das biologische Sprachmodell weiter auszubauen, als auch einige seiner spezifischen Vorhersagen in Verhaltensexperimenten zu testen. Bedanken möchte ich mich hier vor allem bei Bettina Mohr, Janice Rayman und Eran Zaidel, mit denen zusammen die Experimente geplant und durchgeführt wurden, und bei John H. Schumann, mit dem zusammen das neurobiologische Modell so weiterentwickelt werden konnte, daß es wichtige Fragen der Spracherwerbsforschung beantworten kann. Die hier dargestellten physiologischen Experimente wurden zwischen 1993 und 1996 in Tübingen, Münster und San Diego durchgeführt. Am Institut für Medizinische Psychologie und Verhaltensneurobiologie der Universität Tübingen gilt mein besonderer Dank Niels Birbaumer und Werner Lutzenberger für ihre rückhaltlose Unterstützung sowohl bei der experimentellen als auch bei der gehirntheoretischen Arbeit. Bedanken möchte ich mich außerdem bei Johannes Dichgans, Thomas Elbert, Angela Friederici, Kuno Kirschfeld, Willem Levelt, Egon Pulvermüller, Inge Pulvermüller, Frank Rösler und Helmut Schnelle für wichtige Anregungen zur Ausdifferenzierung des sprachbiologischen Modells und für Hinweise zu den experimentellen Designs. Für die Begutachtung der Arbeit gilt mein Dank Niels Birbaumer, Joaquin Fuster und Hans J. Heinze.

Schließlich müssen die Institutionen erwähnt werden, die meine Forschung der letzten Jahre finanziell unterstützt und dadurch erst ermöglicht haben. Zu danken habe ich dem Bundesministerium für Forschung und Technologie für die Gewährung eines Helmholtz-Stipendiums für Neurobiologische Forschung und ganz besonders der Deutschen Forschungsgemeinschaft für die Bewilligung der Projekte Pu 97/1 und Pu 97/2 sowie eines Heisenberg-Stipendiums.

Inhaltsverzeichnis

1. Einleitung 9

2. Sprachwissenschaft als Gehirnwissenschaft 12

2.1 Neurologische Theorien der Sprache............................ 12
2.2 Der kognitive Ansatz: Module statt Neuronen 16
2.3 Chomsky's Zielsetzungen und die Realität der Linguistik 21
2.4 Gehirntheorie der Sprache..................................... 24
2.5 Aphasische Syndrome und ihre gehirntheoretische Erklärung 37
2.6 Kortikale Plastizität und Ausbildung von Assemblies in der
    Rehabilitation von Aphasikern 43

3. **Neurobiologie der Wortverarbeitung:**
   Unterschiede zwischen Wortklassen 47

3.1 Verarbeitung von Funktions- und Inhaltswörtern bei lateralisierter
    tachistoskopischer Darbietung (Experiment 1).................. 48
3.2 Lexikalische Defizite bei Wernicke-Aphasie (Experiment 2)..... 52
3.3 Elektrokortikale Korrelate der Verarbeitung von Funktions- und
    Inhaltswörtern (Experiment 3)................................. 58
3.4 Zusammenfassende Diskussion................................... 66

4. **Wortverarbeitung als Zündung von Cell Assemblies:**
   Wörter vs. Pseudowörter 68

4.1 Wort- und Pseudowort-Verarbeitung nach unilateraler und
    bilateraler tachistoskopischer Präsentation:
    der Bilateralvorteil (Experiment 4) 68
4.2 Abwesenheit des Bilateralvorteils beim Split-Brain-Syndrom
    (Experiment 5).. 74
4.3 Wort- und Pseudowort-Verarbeitung im EEG:
    Differentielle Gamma-Band Aktivität (Experiment 6) 80

4.4 Wort- und Pseudowort-Verarbeitung im MEG:
    Bestätigung der Befunde zur differentiellen Gamma-Band
    Aktivität (Experiment 7) 86
4.5 Zusammenfassende Diskussion 93

**5. Sprachwissenschaftliche Fragen und ihre
   gehirntheoretischen Antworten** 96

5.1 Spracherwerb: Prägung und operante Konditionierung 96
5.2 Gehirnmechanismen der Syntax: Generalisierung und
    mehrfache Einbettungen 103
5.3 Perspektiven der Sprachbiologie 111

6. Zusammenfassung 114

7. Literatur 117

1. Einleitung

Die Fragen nach den Funktionsprinzipien der Sprache und die nach der Funktionsweise des Gehirns gehören sicherlich zu den spannendsten, die wissenschaftlich bearbeitet werden können. Dabei ist völlig klar, daß die Funktionsweise des Gehirns erst dann vollständig verstanden sein wird, wenn erklärt ist, wie Neuronenaktivität mit der Äußerung von Lauten, Silben, Wörtern, Sätzen und langen in Wörter gefaßten Gedankenketten zusammenhängt, und welche Gehirnprozesse von solchen Sprachereignissen in Gang gesetzt werden. Gehirnwissenschaft muß sich deshalb mit Sprachphänomenen auseinandersetzen. Natürlich gilt dies besonders für den Zweig der Neurowissenschaft, der sich mit dem *menschlichen* Gehirn beschäftigt, da ja alle menschlichen Sprachen komplexe Funktionsprinzipien aufweisen, die nirgends sonst in der Natur zu beobachten oder zu erschließen sind. Für ein Verständnis dieser Funktionsprinzipien genügt es nicht, sie in Algorithmen zu formulieren. Es ist nicht unwahrscheinlich, daß viele Funktionsprinzipien der Sprache auf Funktionsprinzipien des Gehirns zurückgehen. Ein Wissen um solche Zusammenhänge ist für die Erklärung sprachlicher Phänomene unerläßlich: Die Sprache verstehen heißt das Gehirn verstehen.

Obwohl es weitgehend unstrittig ist, daß Sprachverarbeitung auf der Aktivität von Neuronen beruht, und daß diese Leistung wichtige Funktionsprinzipien des menschlichen Gehirns wiederspiegelt, existieren in der Neurowissenschaft erst vereinzelte Versuche, Sprachprozesse aufzuklären. Andererseits fehlt in allen gängigen Sprachtheorien ein expliziter Bezug zum neuronalen Substrat. Die Komplexität der Sprache, so wird manchmal argumentiert, erlaube beim gegenwärtigen Wissensstand der Neurowissenschaften noch keine Schlüsse auf biologische Grundlagen. Im Gegensatz zu dieser Behauptung ist aber evident, daß sowohl in der Gehirn- als auch in der Sprachwissenschaft eine ungeheure Datenflut entstanden ist. Neurowissenschaftliche Erkenntnisse sind nur in sehr wenigen Fällen auf ihre Implikationen für die Sprachverarbeitung hin untersucht und viele psycholinguistischen Daten zur Sprachverarbeitung lassen sich noch nicht auf der Grundlage umfassender kognitiver oder hirnwissenschaftlicher Theorien erklären. Der Verdacht liegt deshalb nahe, daß nicht das Fehlen von Daten die Aufklärung der neuronalen Sprachmechanismen behindert, sondern das Fehlen geeigneter Modelle, die Daten aus der sprachwissenschaftlichen, psychologischen und neurobiologischen Forschung sozusagen zusammenbinden und erklären könnten. Die Sprachverarbeitung und -repräsentation ist deshalb ein Forschungsfeld, auf dem sich die Tragfähigkeit einer Gehirntheorie höherer kognitiver Leistungen erweisen kann. Dies läßt offen, ob eine Gehirntheorie, die wichtige Aspekte der Sprachverarbeitung erklärt, auch andere komplexe Gehirnfunktionen erklären kann. Dennoch kann man mit einiger Sicherheit annehmen, daß die Funktionsprinzipien, die anderen kognitiven Leistungen (wie z.B. Gestalterkennen, Rechnen, Urteilen, Planen) zugrundeliegen, nicht grundverschieden von denen der Sprache sind. Eine Gehirntheorie, die Sprache erklärt, könnte demnach auch andere komplexe Hirnleistungen aufklären helfen.

Vorrangiges Ziel dieser Arbeit ist es aufzuzeigen, daß Gehirntheorien für die Aufklärung kognitiver Leistungen fruchtbar sein können. Es wird deshalb nicht versucht, einen umfassenden Überblick über aktuelle Forschungsergebnisse zu physiologischen Korrelaten der Sprachverarbeitung zu geben. Ebensowenig wird angestrebt, einen umfassenden Überblick über aktuelle sprachwissenschaftliche Fragen zu geben. Hier sollen statt dessen ganz prinzipielle Fragen zur Sprache kommen: welche Neuronenverschaltungen die Grundlage der Verarbeitung von sprachlichen Einheiten (z.B. Sprachlauten und Wörtern) bilden könnten, warum Schädigungen bestimmter Teile des Gehirns Sprachstörungen verschiedener Art hervorrufen und welche Reorganisationsprozesse bei der Therapie von Sprachstörungen ablaufen dürften. Diesen Fragen ist das erste Kapitel gewidmet. Natürlich muß man sich, wenn man theoretisiert, auch um die empirische Absicherung der Hypothesen kümmern. Diesem Ziel sind die Kapitel zwei und drei gewidmet. In beiden Kapiteln geht es um die Annahme, daß einzelne Wörter als stark verschaltete kortikale Netzwerke im Gehirn niedergelegt sind und daß die Verteilung dieser Netzwerke über das Gehirn für Wörter verschiedener Art unterschiedlich ist. Im zweiten Kapitel geht es um Unterschiede zwischen sogenannten grammatikalischen Funktionswörtern und bedeutungsvollen Inhaltswörtern. Das dritte Kapitel beschäftigt sich mit den noch elementareren Unterschieden zwischen Wörtern und sinnlosen Pseudowörtern wie "mälinch". In einem weiteren theoretischen Kapitel (Kapitel vier) geht es dann um elementare biologische Mechanismen des Spracherwerbs und der Syntax. Schließlich folgt eine kurze Diskussion von Perspektiven und Problemen des sprachbiologischen Ansatzes.

Die Gehirntheorie, die hier zur Aufklärung der Sprache-Hirn-Beziehung vorgeschlagen wird, geht auf den kanadischen Neuropsychologen Donald Hebb zurück. Hebb (*1949*) postuliert, daß das Vorderhirn der Säugetiere ein riesiger Assoziativspeicher ist, in dem sich Nervenzellen, die oft gleichzeitig aktiv sind, zu funktionellen Einheiten, sogenannten *Cell Assemblies*, verschalten (*Braitenberg, 1978; Braitenberg & Schüz, 1991*). Es soll gezeigt werden, daß die

Hebb'sche Gehirntheorie eine Möglichkeit bietet, sowohl ältere neurologische Funktionsschemata des Gehirns, als auch neuere modularistische Modelle zu präzisieren. Es soll auch gezeigt werden, daß so präzisierte Modelle zur Erklärung von Daten herangezogen werden können, mit denen die Vorläufertheorien noch systematische Schwierigkeiten hatten. Das Ziel ist demnach, zu beweisen, daß Probleme der kognitiven Neurowissenschaft dann gelöst werden können, wenn eine tragfähige Gehirntheorie als Basis genützt wird.

2. Sprachwissenschaft als Gehirnwissenschaft

In diesem Kapitel wird zunächst auf klassische neurologische Sprachmodelle aus dem 19. Jahrhundert eingegangen. Es folgt dann ein kurzer Einblick in moderne kognitiv-modularistische und linguistische Sprachtheorien. Dabei steht die Frage im Vordergrund, inwiefern diese Modelle Schlüsse auf neuronale Mechanismen zulassen. Dann wird ein auf Hebb aufbauendes neurobiologisches Sprachmodell dargestellt. Am Beispiel von Befunden aus der Aphasieforschung wird daraufhin diskutiert, welche der dargestellten Theorien das Auftreten spezifischer aphasischer Syndrome als Folge der Läsion umschriebener Gehirnbereiche erklären können. Abschließend folgt ein kurzer Ausblick, wie sich Veränderungen der Sprachfähigkeit im Verlauf von Aphasietherapie gehirntheoretisch modellieren lassen.

2.1 Neurologische Theorien der Sprache

Die Neurologie und Neurobiologie der Sprache kann schon auf eine mehr als hundertjährige Geschichte zurückblicken. In den Arbeiten Brocas *(1861)*, Wernickes *(1874)* und Lichtheims *(1885)* wurden durch umschriebene Gehirnschädigung verursachte Störungen der Sprache *(Aphasien)* zum ersten Mal detailliert wissenschaftlich beschrieben und mit einfachen Modellen erklärt. Diese Modelle waren im neurologischen Alltag so nützlich, daß sie bis heute nicht nur akzeptiert sind, sondern auch die Grundlage für die Klassifikation aphasischer Störungen bilden *(Benson & Geschwind, 1971)*.
In Abbildung 2.1 ist die einfachste Variante des Wernicke-Lichtheim-Diagramms dargestellt, in dem drei Gehirnzentren, das motorische Sprachzentrum M, das akustische Sprachzentrum A und das Begriffszentrum B vorgesehen sind sowie Verbindungen zwischen den Zentren und von den Zentren zu peripheren Organen. Nach Lichtheim sind Störungen der Sprache nach Gehirnschädigung als Beeinträchtigung eines der beiden Sprachzentren (A oder M) zu erklären, oder aber als Durchtrennung einer der Verbindungslinien (Bahnen) des Schemas. Das Modell erklärt die *motorische* oder *Broca-Aphasie*, die durch eine hervorstechende Störung der Sprachproduktion gekennzeichnet ist, als Schädigung des motorischen Sprachzentrums, und die *sensorische* oder *Wernicke-Aphasie*, bei der

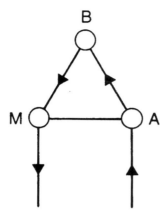

Abb. 2.1: Lichtheims Modell der Sprachverarbeitung. Drei Zentren (B - Begriffszentrum, M - motorisches Sprachzentrum, A - akustisches Sprachzentrum) sind durch Bahnen miteinander verbunden. Sprachstörungen werden als Läsion eines der beiden Sprachzentren oder als Durchtrennung einer der Bahnen interpretiert (nach Lichtheim, 1885).

Verständnisstörungen im Vordergrund stehen, als Schädigung des akustischen Sprachzentrums.
Die Stärke des Diagramms lag darin, daß zu Zeiten Brocas und Wernickes noch nicht beschriebene aphasische Störungsbilder aufgrund des Modells erschlossen werden konnten. So legt das Modell die Annahme nahe, daß Durchtrennung der Verbindung zwischen A und M zu einer Störung führt, die vor allem das Nachsprechen vorher gehörter Sprache schwierig macht. Diese Nachsprechstörung wurde dann tatsächlich beobachtet und als *Leitungsaphasie* bezeichnet (*Lichtheim, 1885; Benson et al., 1973; Damasio & Damasio, 1980*). Eine weitere Störung, die durch das Schema vorhergesagt wird, ist die Abtrennung des "Begriffszentrums" vom motorischen und akustischen Sprachzentrum. Diese Störung sollte es dem Patienten weiterhin erlauben, gut nachzusprechen, jedoch sollte sowohl das Verstehen von Sprache (Übersetzung gehörter Sprache in einen "begrifflichen" Inhalt) als auch die spontane intentionale Verwendung von Sprache (Übersetzung eines "begrifflichen" Inhalts in artikulierte Sprache) gestört sein. Auch diese aphasische Störung, die als (gemischt) *transkortikale Aphasie* bezeichnet wird, wurde später entdeckt (*Goldstein, 1917; Geschwind et al., 1968;*

Rubens & Kertesz, 1983). Das Wernicke-Lichtheim-Diagramm erlaubte demnach nicht nur eine Systematisierung der bekannten Aphasiesyndrome, es erlaubte auch korrekte Vorhersagen auf zuvor unbekannte Störungsbilder. Kritiker des klassischen aphasiologischen Modells haben allerdings auf eine Reihe von Problemen aufmerksam gemacht *(Caplan, 1987).* Eines dieser Probleme betrifft den Zusammenhang zwischen Modell und Gehirnstrukturen. Im Gehirn ist ein "Begriffszentrum" nur schwer abgrenzbar. Auch die Gehirnlokalisation des motorischen und akustischen Sprachzentrums ist nicht unproblematisch. Das motorische Sprachzentrum wird meist mit der Broca-Region im unteren Frontalkortex identifiziert, also mit Area 44 und 45 der von Brodmann *(1909)* vorgeschlagenen Einteilung des Kortex (Abbildung 2.2). Nun zeigen aber genauere Untersuchungen, daß Läsionen ausschließlich dieser Struktur *nicht* zum Auftreten von Aphasien führen. Für das Auftreten der Broca-Aphasie ist vielmehr die zusätzliche Läsion von Gehirnarealen notwendig, die der Broca-Region benachbart sind, (präfrontale Gebiete, parietales Operkulum und/oder Insula; *Mohr, 1976; Mohr et al., 1978).* Somit ist die kortikale Entsprechung des motorischem Sprachzentrums wesentlich ausgedehnter als die Broca-Region. Sehr unklar ist außerdem die Definition des akustischen Sprachzentrums oder der Wernicke-Region. Einige Autoren identifizieren dieses Gebiet mit der posterioren Hälfte der Brodmann-Area 22, andere bezeichnen Area 22 zusammen mit benachbarten Gebieten im Temporal-, Parietal- und Okzipitalkortex (Areae 21, 37, 39 und 40) als Wernicke-Region *(Bogen & Bogen, 1976).* Es erscheint nicht sinnvoll, die Gesamtheit der vorgeschlagenen Gebiete als Wernicke-Region zu definieren, da Läsionen in Teilen dieses großen temporo-parieto-okzipitalen Areals zu unterschiedlichen Störungstypen führt. Während Schädigung in Area 22 zu einer typischen Wernicke-Aphasie mit hervorstechender Störung des Sprachverständnisses führt, folgt auf Schädigung des Gyrus angularis (Area 39) meist eine *amnestische Aphasie,* die durch Störung der Wortfindung und des Benennens gekennzeichnet ist *(Benson, 1979; Huber et al., 1989).* Bogen schlägt deshalb vor, den posterioren Teil der ersten Kortexwindung, die die Sylvische Furche umschließt, als Wernicke-Region zu bezeichnen *(Bogen & Bogen, 1976).* Dieses Gebiet entspricht ungefähr den Brodmann-Areae 22 und 40. Als Broca-Region kann entsprechend der anteriore Teil des perisylvischen Gebietes definiert werden. Auch der anteriore und der posteriore Teil der Insula wären den Sprachregionen zuzuordnen. Mit diesen Definitionen kann die Lokalisation von zwei der drei Zentren des Wernicke-Lichtheim-Schemas im Kortex bestimmt werden.

Ein weiterer Einwand gegen das Modell von Wernicke und Lichtheim ergibt sich aus einer genaueren Betrachtung der aphasischen Syndrome. Es ist keineswegs

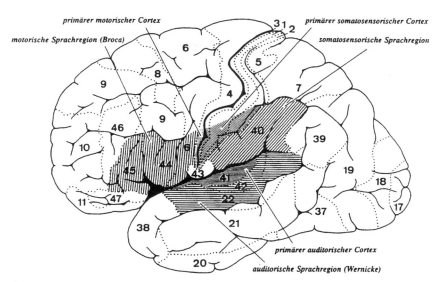

Abb. 2.2: Kortexkarte nach Brodmann, auf der die Gebiete der perisylvischen Sprachregion eingezeichnet sind (nach Brodmann, 1909).

der Fall, daß ein Wernicke-Aphasiker lediglich eine Störung des Sprachverständnisses zeigt. Vielmehr umfaßt das Syndrom der Wernicke-Aphasie auch eine gravierende Störung der Produktion von Sprache. Dies kann nur dann erklärt werden, wenn dem "akustischen" Zentrum auch eine Funktion bei der Sprachproduktion zuerkannt wird. Auf diesen Tatbestand hat schon Lichtheim (*1885*) hingewiesen und Geschwind (*1970*) hat ihn zum Anlaß genommen, die Wernicke-Region als wichtigste Sprachregion zu betrachten, die für jede Art der Sprachverwendung und -perzeption zentral ist. Diese Modifikation des klassischen Modells (das manchmal als Wernicke-Lichtheim-Geschwind-Modell bezeichnet wird) erklärt zwar, daß bei Wernicke-Aphasie auch Störungen der Sprachproduktion auftreten, sie läßt aber zentrale Charakteristika der Broca-Aphasie unberücksichtigt. Für die große Mehrzahl der Broca-Aphasiker ist bekannt, daß sie Sprache nur eingeschränkt verstehen können (*Caramazza & Zurif, 1976; Zurif & Caramazza, 1976*). Eine Schädigung eines "motorischen" Sprachzentrums sollte dagegen lediglich Störungen der Produktion, nicht aber des Verständnisses verursachen. Eine konsequente Weiterentwicklung des Wernicke-Lichtheim-Geschwind-Modells wäre also ein Modell, in dem sowohl das "akustische" als auch das "motorische" Zentrum Funktionen der Produktion und der Perzeption von Sprache erfüllt. In einem solchen Modell wäre allerdings dann zu klären, warum die Syndrome der Broca- und der Wernicke-Aphasie so fundamental verschieden sind. Die Sprachproduktion bei Broca-Aphasikern ist meist stockend oder nichtflüssig, wogegen sie bei Wernicke-Aphasikern in der Regel sehr flüssig ist. Während Broca-Aphasiker häufig Wörter nicht finden können und stocken, kommt es bei Wernicke-Aphasikern häufiger zu fehlerhaften Verwendungen von Wörtern oder schwer verständlichen wortartigen Konstruktionen (Paraphasien und Neologismen). Das Sprachverständisdefizit der Broca-Aphasiker wird vor allem bei komplexeren Sätzen offensichtlich, wogegen es bei Wernicke-Aphasikern meist schon bei einfachem sprachlichen Material (z.B. einzelnen Wörtern) auffällt. Schließlich scheint bei den beiden Hauptformen der Aphasie auch die Verwendung bestimmter Wortkategorien zu unterschiedlichen Graden beeinträchtig zu sein. Um diese und weitere Eigenschaften der Aphasien zu erklären, bedarf es einer grundlegenden Weiterentwicklung des klassischen aphasiologischen Modells.

2.2 Der kognitive Ansatz: Module statt Neuronen

In der neuropsychologischen und neurolinguistischen Forschung wird seit etwa drei Jahrzehnten versucht, die durch Gehirnschädigungen verursachten Störungen komplexer Gehirnfunktionen mit Modellen zu erklären, die nicht explizit auf Gehirnstrukturen Bezug nehmen (*Fodor, 1983; Caplan, 1987; Caplan, 1992*). Komplexe Leistungen des menschlichen Gehirns werden in Teilleistungen zerlegt, von denen angenommen wird, daß sie in autonom arbeitenden Prozessoren, sogenannten *Modulen*, verarbeitet werden (*Fodor, 1983*). Die Annahme von Modulen für bestimmte Teilleistungen ist zum Teil theoretisch und zum Teil empirisch motiviert. In Garrett's einflußreichem Modell der Sprachproduktion (*Garrett, 1975; 1976; 1980; 1988*) wird die komplexe Leistung der Produktion von Sprache in folgende Teilprozesse zerlegt: Zunächst wird eine nicht-sprachliche *Botschaft* teilweise in eine sprachliche Repräsentation übersetzt, wobei die zu verwendenden inhaltlichen Begriffe festgelegt werden, die Repräsentation der grammatikalischen Relationen aber noch abstrakt bleibt. Für diese *funktionale Repräsentation* der geplanten Äußerung wird dann ein Satzrahmen spezifiziert. Es folgt eine Überführung in eine *positionale Repräsentation*, in die auch die grammatikalischen Elemente (z.B. Kasusendungen und Hilfsverben) der geplanten Äußerung eingefügt werden. Schließlich muß der geplante Satz noch in eine *lautliche (phonologische) Form* überführt werden, wonach die exakten *Instruktionen an den Artikulationsapparat* festgelegt werden. Der Prozeß der Sprachproduktion, der in Lichtheim's Modell noch durch einen einfachen Pfeil von B (Begriffszentrum) nach M (motorisches Sprachzentrum) repräsentiert war, zerfällt in Garrett's Theorie in eine Vielzahl von Prozessen, die zu mindestens fünf Repräsentationsformen einer geplanten Äußerung führen (Abbildung 2.3). Diese Unterteilung hatte übrigens in der klassischen aphasiologischen Literatur ihren Vorläufer in Picks *(1913)* Sprachproduktionsmodell (s. *Leuninger, 1989).*

Garrett hatte sein Modell ursprünglich entwickelt, um Versprecher, die gesunden Personen gelegentlich unterlaufen, erklären zu können. Ein Vorteil des Modells ist aber, daß es auch zur Erklärung aphasischer Defizite herangezogen werden kann *(Garrett, 1984).* Manche Aphasien umfassen spezifische Ausfälle in der Sprachproduktion, die im nachfolgenden Beispiel illustriert sind (aus *Pulvermüller, 1989).*

Freundin hat mich besucht. Hat mir gebracht sechs Rosen. Freude machen wollte. Du fehlst mir. Ich spazieren gegangen. Hopfensee. Schöne Tasse Kaffee getrunken. Abend zuhause.

In diesen Wortketten fehlen Wörter wie "meine", "sie", "eine", "bin" usw. Weil primär grammatikalische Wörter, sogenannte *Funktionswörter,* fehlen oder falsch verwendet werden, wird diese Form der Störung der Sprachproduktion *Agrammatismus* genannt. Agrammatische Störungen der Sprachproduktion sind charakteristisch für das Syndrom der Broca-Aphasie, kommen aber auch bei anderen Aphasieformen vor *(Menn & Obler 1990).* Die Klasse der Funktionswörter, die bei Agrammatismus betroffen sind, umfaßt Pronomina, Artikel, Hilfsverben und Konjunktionen. Bei Agrammatismus ist oft auch die Verwendung von *grammatikalischen Endungen* beeinträchtigt, die Numerus, Kasus oder Tempus anzeigen. Dabei ist bemerkenswert, daß Agrammatiker meist nur minimale Defizite in der Verwendung von Nomina, Verben und Adjektiva haben. Diese bedeutungsvollen Elemente werden auch als *Inhaltswörter* zusammengefaßt. Agrammatiker scheinen demnach ein selektives Defizit bei der Verarbeitung von Funktionswörtern zu haben.

Es ist wichtig, darauf hinzuweisen, daß die Klassen der Funktions- und Inhaltswörter keine scharf voneinander abgegrenzten Kategorien sind. Während es einfach ist, typische Inhaltswörter und typische Funktionswörter aufzuzählen,

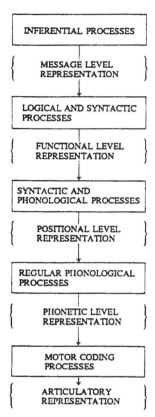

Abb. 2.3: Garretts Modell der Sprachproduktion. *In autonom arbeitenden Modulen wird die gehirninterne Botschaft schrittweise in eine Befehlskette an die Artikulationsorgane übersetzt (aus: Caplan, 1987).*

gibt es viele Wörter, für die eine Zuordnung zu einer der Gruppen schwierig ist. So sind Präpositionen je nach Satzkontext entweder als Inhaltswort klassifizierbar (die Lampe hängt *über* dem Tisch), oder aber als Funktionswort (Anna wundert sich *über* Peter). Wie Friederici (*1982; 1985)* gezeigt hat, sind Agrammatiker vor allem in der Funktionswort-Verwendung von Präpositionen beeinträchtigt. Auch für Adverbien erscheint fraglich, ob sie als Funktions- oder Inhaltswort gewertet werden sollten. Die Bemühungen von Sprachwissenschaftlern, die beiden Klassen aufgrund semantischer, syntaktischer, phonologischer und sprachgeschichtlicher Kriterien scharf voneinander abzugrenzen, hat bisher zwar zu einer Vielzahl konkurrierender Definitionen geführt, jedoch nicht zu einer Einigung auf eines der Kriterien (*Golston, 1991*). Auch die Bezeichnungen der beiden Klassen ändern sich übrigens mit dem Kriterium der Abgrenzung. So wird von "open class" und "closed class" Wörtern gesprochen, um hervorzuheben, daß nur Inhaltswörter in einer Sprache neu eingeführt werden können (offene Klasse), die Verwendung der Funktionswörter dagegen weitgehend konstant ist. Zwischen "phonologischen Wörtern" und "Klitika" wird unterschieden, um hervorzuheben, daß die Elemente der ersten Wortgruppe mindestens aus einer langen oder schweren Silbe (mit mindestens zwei sogenannten Mora) bestehen, die Elemente der zweiten Gruppe dagegen als kurze Silbe oder sogar nur als ein Sprachlaut realisiert sein können (z.b. "Peter is there" bzw. "Peter 's there"). (Für eine ausführliche Diskussion der verschiedenen Definitionen, s. Golston *1991*). Es erscheint deshalb sinnvoll, Funktionswörter und Inhaltswörter als Gruppen zu betrachten, die sich unter verschiedenen Aspekten voneinander unterscheiden und zwischen denen ein kontinuierlicher Übergang besteht (*Friederici, 1985*). Schließlich sei darauf hingewiesen, daß auch innerhalb der beiden Klassen durchaus verschiedene Worttypen zusammengefaßt sind. So unterscheiden sich z.b. innerhalb der Inhaltswortkategorie Nomina mit abstrakter oder konkreter Bedeutung (*Freiheit* vs. *Freibad*) grundlegend voneinander, und diese sind wieder sehr verschieden von Handlungsverben (*schlägt, beißt*). Die Unterscheidung zwischen den beiden Klassen ist demnach sehr grob und läßt feinere Differenzierungen wünschenswert erscheinen. Trotz ihrer Grobheit und trotz der fließenden Übergänge zwischen den beiden Klassen erweist sich die Unterscheidung aber bei der Beschreibung organischer Sprachstörungen als nützlich.

Es ist offensichtlich, daß eine so spezifische Störung wie der Agrammatismus nicht durch das Lichtheim'sche Modell erklärt werden kann. Das komplexere Modell von Garrett erlaubt dagegen eine "Lokalisation" der Störung auf einem der Verarbeitungsniveaus. Das Modell postuliert, daß Funktionswörter und grammatikalische Endungen in die positionale Repräsentation eingebaut werden. Die agrammatische Störung kann also auf dem positionalen Niveau angesiedelt werden. Eine Störung der Sprachproduktion, die zum Agrammatismus komplementär ist, nennt man *Anomie* oder *amnestische Aphasie*. Herausstechendste Störung ist hier die Unfähigkeit, Inhaltswörter zu verwenden. Der amnestische Aphasiker fällt bei spontaner Rede vor allem dadurch auf, daß er in grammatikalisch völlig korrekten Sätzen ungewöhnliche Nomina, Verben oder Adjektiva verwendet, oder dadurch, daß er sehr häufig stockt und darauf hinweist, daß ihm das zutreffende (Inhalts-) Wort nicht einfällt. Besonders deutlich zeigt sich die Störung beim Benennen. Wird einem anomisch aphasischen Patienten ein Gegenstand, etwa eine Uhr, vorgelegt, so kann sich die (Inhalts-) Wortfindungsstörung so deutlich zeigen, wie im folgenden Beispiel (aus *Pulvermüller, 1990a)*.

Time, watch, ah, watch, was macht man mit dem ah, syn, ah, Synchron, ah messer, Synchronmesser.

Während das gesuchte Inhaltswort nicht geäußert werden kann, gelingt die Äußerung bedeutungsverwandter (sogar fremdsprachlicher) Inhaltswörter sowie das Aussprechen einer Kette von Funktionswörtern. Schließlich wird das gesuchte Wort mit einer Wortneuschöpfung umschrieben. Das Garrett'sche Modell erlaubt auch eine Charakterisierung dieses Störungsbildes. Der "Ort" der Störung ist auf dem Niveau der funktionalen Repräsentation anzusiedeln, wo bereits Inhaltswörter, jedoch noch keine Funktionswörter in das Satzschema eingebaut sind. Das modularistische Modell führt also zu einer tentativen Erklärung der Doppeldissoziation zwischen Agrammatismus (Funktionswortdefizit) und Anomie (Inhaltswortdefizit), wobei die Störungen jeweils einem der distinkten Repräsentationsniveaus (positionales bzw. funktionales Niveau) und einem spezifischen autonomen Prozeß (Einsetzen von Funktionswörtern bzw. Inhaltswörtern) zugeordnet werden.

Modularistische Modelle erlauben differenzierte Beschreibungen von neuropsychologischen Störungen, insbesondere von Doppeldissoziationen zwischen solchen Störungen. Für die Beantwortung der Frage, welche Gehirnmechanismen einer komplexen Gehirnleistung zugrundeliegen, liefern sie allerdings nur sehr abstrakte Antworten. So eröffnet Garrett's Modell Fragen nach der neurobiologischen Realisierung der postulierten Prozesse und Repräsentationsniveaus. Diese Fragen betreffen nicht nur die Lokalisation dieser Prozesse im Gehirn, sondern auch ihre Realisierung in Form der Aktivierung von Neuronen. Schließlich erscheint es wünschenswert zu spezifizieren, wie die angenommenen Prozesse und Repräsentationen aufgrund von Lernvorgängen und/oder aufgrund genetisch vorbestimmter Mechanismen im Gehirn etabliert werden, und wie sie nach Gehirnschädigung teilweise wieder instandgesetzt werden können. Der modularistische Ansatz läßt die Antwort auf all diese Fragen offen.

2.3 Chomsky's Zielsetzungen und die Realität der Linguistik

Das erklärte Ziel moderner Sprachwissenschaft ist es, die biologischen Prinzipien der menschlichen Sprachfähigkeit aufzuklären (*Chomsky, 1980; 1986*). Die wichtigste Forschungsstrategie nimmt die grammatikalisch korrekten (wohlgeformten) Sätze verschiedener Sprachen zum Ausgangspunkt. Eine hinreichend große Menge wohlgeformter Ketten erlaubt die Erschließung eines Regelwerks, das der gehirninternen Generierung der Ketten zugrundeliegen könnte. Läßt sich ein Prinzip der Konstruktion von Sätzen über mehrere Sprachen hinweg generalisieren, so wird angenommen, daß das betreffende Prinzip Teil der *Universalgrammatik* ist und daß es im genetischen Code des Menschen verankert ist. Universalien, die von Linguisten postuliert wurden, sind z.b. die Wortkategorien Substantiv, Verb und Adjektiv, die in allen Sprachen realisiert sind. Eine andere Universalie betrifft die Konstituenten eines Satzes. In allen untersuchten Sprachen lassen sich die Satzteile Subjekt, Prädikat und Objekt unterscheiden. Eine weitere Universalie, deren Vorhandensein in allen Sprachen postuliert wird, sind Leerstellen oder *Spuren* (engl. *traces*), von denen angenommen wird, daß sie in Sätzen vorhanden sind, obwohl sie an der Oberfläche nicht wahrnehmbar sind. Spuren kann man demnach sozusagen als unsichtbare Wörter im Satz betrachten. Der Begriff der "Spur" ist dabei nicht mit dem der Gedächtnisspur zu verwechseln. Den "Spuren", die von modernen Syntaxtheorien angenommen werden, kommt vor allem syntaktische Funktion zu. Außerdem wird angenommen, daß sie für die korrekte Interpretation von Sätzen notwendig sind.

Die Rolle für das Verständnis von Sätzen, die modernen Grammatiktheorien zufolge den Spuren zukommt (*Chomsky, 1981; 1982; Koopman & Sportiche, 1991*), soll nachfolgend kurz erläutert werden. Ein Verb, so wird angenommen, verlangt eine bestimmte Anzahl von *Argumenten*, die jeweils in einem Satzteil - meist einer *Nominalphrase* bestehend aus Artikel und Nomen - realisiert sein müssen. An diese Argumente vergibt das Verb sogenannte *thematische Rollen*. Das Verb "schlägt" verlangt zwei Argumente und vergibt an sie die thematische Rollen des *Agenten* (der/diejenige, der/die schlägt) und die des *Themas* (der/diejenige der/die geschlagen wird). Die Verteilung der thematischen Rollen kann über kanonische Positionen im Satz erfolgen. Die Nominalphrase, dem Verb direkt folgt, erhält automatisch die Thema-Rolle. Es wird nun angenommen, daß alle übrigen Satzteile ihre thematischen Rollen durch Vermittlung von Spuren erhalten. Spuren binden demnach die Argumente ans Verb und zeigen an, welches Argument welche Funktion erfüllt. Die Repräsentation des Satzes "Der Bauer schlägt den Esel" enthält eine Spur, über die die erste Nominalphrase (*der Bauer*) ihre Agentenrolle vom Verb erhält. Die angenommene Satzstruktur ist dann "{Der Bauer}$_i$ t$_i$ schlägt den Esel", wobei die Spur (*trace, t*) über einen Index mit der Nominalphrase verbunden ist, was die Übertragung der thematischen Rolle symbolisiert. Das Objekt (*den Esel*) erhält seine thematische Rolle aufgrund der kanonischen Position, in der es steht. Letzteres gilt jedoch nicht im Passivsatz, da dort keine der Nominalphrasen direkt hinter dem Verb steht. Für Passivsätze wird deshalb das Vorhandensein von zwei Spuren angenommen, wobei jede eine der thematischen Rollen des Verbs vermittelt. Die Struktur eines Passivsatzes wäre demnach "{Der Esel}$_j$ wird von {dem Bauern}$_i$ t$_i$ geschlagen t$_j$".

Während solche Repräsentationen von Satzstrukturen auf den ersten Blick unangemessen komplex erscheinen, bieten sie Vorteile bei der systematischen Beschreibung von Satzstrukturen. So erlauben sie es, auch oberflächlich sehr verschiedene Satzformen wie Aktiv-, Passiv- und Nebensätze auf dieselbe zugrundeliegende Struktur zurückzuführen. Trotz ihrer Komplexität tragen sie demnach zur Vereinheitlichung der Beschreibungen oberflächlich verschiedener Satzstrukturen bei und machen die Beschreibungen deshalb ökonomisch. Ein weiterer Vorteil von Grammatiktheorien liegt darin, daß sie u.U. bei der Beschreibung aphasischer Defizite behilflich sein könnten. Dies soll anhand einer weiteren Eigenschaft der agrammatischen Störung veranschaulicht werden.

Die große Mehrzahl der neurologischen Patienten mit agrammatischer Sprachstörung haben nicht nur Defizite in der Sprachproduktion, sondern auch beim Verständnis komplexer Satzstrukturen. So ist bekannt, daß sie zwar Aktivsätze ohne weiteres verstehen, daß sie jedoch Passivsätze nach dem Zufallsprinzip interpretieren. Wird ein Passivsatz wie "Der Esel wird von dem Pferd gebissen" einem Agrammatiker vorgelegt, zusammen mit zwei Bildern, auf dem jeweils ein Esel und ein Pferd dargestellt sind, wobei einmal der Esel und einmal das Pferd beißt, so wird der Agrammatiker nur in ca. 50 Prozent der Fälle auf das richtige Bild deuten (*Caramazza & Zurif, 1976; Zurif & Caramazza, 1976; Caplan & Futter, 1986)*.[1] Dies wurde von Linguisten auf der Basis der Theorie der Spuren

---

[1] Es sei darauf hingewiesen, daß die Mehrzahl der Studien zum Sprachverständnisdefizit von Agrammatikern an englischsprachigen Probanden durchgeführt wurde. Die Übertragung auf das Deutsche ist nicht immer unproblematisch. Es gibt aber Indizien dafür, daß das agrammatische Sprachverständnisdefizit im Deutschen ähnliche Eigenschaften wie im Englischen hat *(Kolk & Friederici, 1985)*.

zu erklären versucht. Angenommen ein Agrammatiker hat die Fähigkeit verloren, in der mentalen Repräsentation von Sätzen Spuren zu konstruieren, so wird er im Fall eines Aktivsatzes (*Das Pferd beißt den Esel*) immer noch wissen, welche der Nominalphrasen die Rolle des Themas bekommt. Es sei daran erinnert, daß die Nominalphrase hinter dem Verb aufgrund ihrer kanonischen Position ihre thematische Rolle erhält. Die thematische Rolle der verbleibenden Nominalphrase kann erschlossen werden, da nur noch eine Rolle zu vergeben ist (die des Agenten). Die beiden thematischen Rollen werden demnach im Aktivsatz korrekt vergeben. Im Passivsatz erhalten jedoch beide Nominalphrasen ihre thematische Rollen über Spuren. Nach einer Zerstörung der Spuren in der Satzrepräsentation ergibt sich eine Konstituentenkette ohne thematische Struktur, die deshalb zu zufälligen Interpretationen führt. Diese Überlegungen erlauben einen Erklärungsversuch für die Verständnisprobleme, die Agrammatiker mit Passivsätzen, jedoch nicht mit Aktivsätzen haben. Wenn man annimmt, daß (i) der Theorie der Spuren neurobiologische Realität zukommt und (ii) Agrammatiker einen selektiven Ausfall der Repräsentation von Spuren haben, so kann das komplexe Verständnisdefizit dieser Patienten erklärt werden. Diese hier kurz zusammengefaßte sogenannte "Trace deletion theory" wurde von Hickok (*1992*) vorgeschlagen. Hickok's Vorschlag stellt eine Modifikation der früher von Grodzinsky (*1986; 1990*) entwickelten Theorie dar und lehnt sich eng an Cornell's Modell an (*Cornell et al., 1990; Cornell, 1992*).

Trotz dieses Teilerfolges ergibt sich ein möglicher Einwand gegen die Forschungsstrategie der theoretischen Linguistik. Grammatiktheorien erlauben eine ökonomische Beschreibung von Phänomenen, die sich in vielen Sprachen beobachten lassen. Die neurobiologischen Mechanismen, die diesen Phänomenen zugrundeliegen könnten, sind jedoch damit erst auf einem sehr allgemeinen Niveau spezifiziert. Wie im Fall des Modularismus werden Entitäten postuliert, deren biologische Grundlagen unklar sind. Es muß als dringendes Ziel zukünftiger sprachwissenschaftlicher Forschung gelten, die Sprachtheorie so weit zu präzisieren, daß sie empirische Voaussagen auf neurobiologische Strukturen und Prozesse erlaubt. Im Fall der Agrammatismustheorie hieße dies, daß darüber nachgedacht werden müßte, welche Gehirnstrukturen und -vorgänge mit der Repräsentation von Spuren in Zusammenhang gebracht werden könnten. Empirische Vorhersagen, mit welcher neuronalen Maschinerie eine Spur repräsentiert sein könnte, in welchen Hirnregionen solche Prozessoren vorkommen könnten und welche funktionellen Defizite durch eine fokale Hirnläsion eintreten, sind dringend erforderlich, wenn die vorhandene neurologischen und psychophysiologischen Daten für die theoretische Linguistik fruchtbar gemacht werden sollen.

Die Forderung nach biologischer Spezifität sprachwissenschaftlicher Theorien ergibt sich aus dem programmatischen Ziel der Linguistik, biologische Prinzipien der menschlichen Sprachfähigkeit aufzuklären. Dies kann nur gelingen, wenn die abstrakten Beschreibungen der theoretischen Sprachwissenschaft in die Sprache der Neuronen "übersetzt" werden. In dieser Arbeit soll jedoch zunächst ein anderer Weg beschritten werden. Hier soll eine Gehirntheorie zum Ausgangspunkt genommen werden, um Mechanismen zu spezifizieren, die der Sprachverarbeitung zugrundeliegen könnten. Erst in Kapitel 4 wird die Frage der neurobiologischen Konkretisierung linguistischer Theorien aufgegriffen werden. In Abschnitt 2.5 wird zunächst zu klären sein, ob die komplexen Sprachdefizite agrammatischer Aphasiker auch mit modernen gehirntheoretischen Modellen zu erklären sind, oder ob ihre Erklärung die Annahme syntaktischer Spuren notwendig macht.

2.4 Gehirnmechanismen der Sprache

Ziel dieser Arbeit ist es, zu zeigen, daß das Hebb'sche Konzept der *Cell Assemblies* für das Verständnis der Sprachverarbeitung nützlich und fruchtbar ist. Dabei ist der Begriff der Cell Assembly folgendermaßen definiert (*Braitenberg, 1978; Braitenberg & Schüz, 1991*): Eine Cell Assembly ist eine Gruppe kortikaler Neuronen, die untereinander stark exzitatorisch verknüpft sind, wobei sich die starke Verschaltung aufgrund häufiger gemeinsamer Aktivität ausgebildet hat (Hebb'sche Regel, *Hebb, 1949*). Die starke exzitatorische Verschaltung bedingt, daß die Mitglieder einer Assembly, die Assembly-Neuronen, sich gegenseitig stark beeinflussen. Wenn ein genügend großer Teil der Neuronen aktiv ist, so wird deshalb nach kurzer Zeit die gesamte Assembly aktiviert werden. Weil dieser Aktivierungsprozeß explosionsartig vor sich gehen dürfte, wird er auch *Zündung* genannt. Wird eine Assembly aktiviert, so kann Erregung in dem stark gekoppelten Netzwerk kreisen und so für einige Zeit erhalten bleiben. Die Cell Assembly bildet also eine *funktionelle Einheit* innerhalb des Gestrüpps kortikaler Neuronen und Verbindungen. Nach Hebb's neuropsychologischer Theorie sind solche Assemblies die kortikalen Repräsentanten von Gegenständen, Begriffen, Gedanken und Wörtern. Dabei ist wesentlich, daß die Neuronen einer Assembly nicht notwendig in einem kleinen kortikalen Gebiet lokalisiert sind. Der Cell Assembly-Ansatz postuliert, daß auch weit über den Kortex verteilte Neuronenpopulationen funktionelle Einheiten, Assemblies, bilden können. Ein Indiz dafür ist die

Anatomie der Bausteine von Assemblies, der *Pyramidenzellen*. Die Mehrzahl der Pyramidenzellen besitzt nicht nur lokal sich verzweigende Axonkollateralen, sondern außerdem ein langes Axon, das über die weiße Substanz entfernte Areale erreicht (Abb. 2.4). über solche weitreichenden Axone können auch weit voneinander entfernte Pyramidenzellen zu einer Assembly verschaltet sein. Über mehrere kortikale Areale verteilte und dennoch stark gekoppelte Neuronennetze werden *transkortikale Assemblies* genannt. Transkortikale Assemblies können auch Neuronen beider Hemisphären enthalten.

Wenn der Kortex ein Assoziativspeicher ist, in dem sich Neuronenpopulationen aufgrund gemeinsamer Aktivität zu Assemblies verschalten, so besteht die Gefahr, daß mit dem Fortschreiten des Lernens viele Verbindungen immer stärker werden und schließlich die Kopplungen so stark sind, daß nach Stimulation einer kleinen Neuronenpopulation das gesamte kortikale Netzwerk aktiviert wird. Da im gesunden Gehirn solche epilepsieähnlichen Zustände selten sind, ist es sinnvoll, im Rahmen der Cell Assembly-Theorie einen Regulationsmechanismus anzunehmen, der verhindert, daß zu viele Neuronen zu gleicher Zeit aktiv werden. Ein solcher Regulationsmechanismus, auch *Schwellen-Kontroll-Mechanismus* genannt (*Braitenberg, 1978; Braitenberg & Schüz, 1991*), könnte garantieren, daß zu einem bestimmten Zeitpunkt nur eine Cell Assembly zündet. Es wurde argumentiert, daß der von Braitenberg postulierte Schwellen-Kontroll-Mechanismus zur Regulation des kortikalen Erregungsniveaus in den Basalganglien und im Thalamus lokalisiert ist (*Miller & Wickens, 1991; Wickens, 1993*). Alternativ dazu wurde vorgeschlagen, daß es eine Funktion der Hippocampusformation ist, das kortikale Erregungsniveau zu regulieren (*Fuster, 1994*).

Es sei darauf hingewiesen, daß das Konzept der Cell Assemblies auf gehirntheoretischen Annahmen basiert. Bis zum jetzigen Zeitpunkt konnten Cell Assemblies noch nicht direkt mit neurophysiologischen und -anatomischen Mitteln nachgewiesen werden. Dies ist aber prinzipiell möglich. Diese Arbeit soll zeigen, daß die Annahme von Cell Assemblies eine Erklärung neurologischer, neuropsychologischer, psycholinguistischer und psychophysiologischer Daten erlaubt. Die Strategie ist demnach zu zeigen, daß die Theorie, obwohl sie zum gegenwärtigen Zeitpunkt nicht bewiesen ist, sich dennoch für die Forschung innerhalb der kognitiven Neurowissenschaft als fruchtbar erwiesen hat. In Kapitel 3 werden außerdem Daten zusammengefaßt, die als Evidenz für die Existenz von Assemblies interpretiert werden können.

Will man die neuronalen Mechanismen einer komplexen Gehirnleistung aufklären, so ist eine Orientierung an einer weit fortgeschrittenen neurobiologischen Disziplin sinnvoll. Der am weitesten entwickelte Zweig der Neurobiologie ist

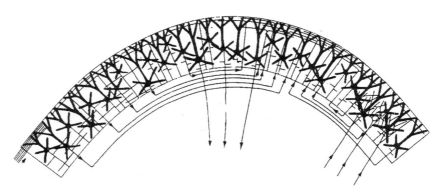

Abb. 2.4: Schematische Darstellung der Verbindungen zwischen Pyramidenzellen des Kortex. Neben den lokalen Verbindungen zwischen Axonkollateralen und basalen Dendriten existieren weitreichende Verbindungen. Die Mehrzahl der Pyramidenzellen erreicht über ihr Axon die apikalen Dendriten von Pyramidenzellen entfernter Areale. Diese Fernverbindungen könnten das Substrat transkortikaler Assemblies bilden (aus: Braitenberg & Schüz, 1991).

sicherlich die Sehphysiologie. Dort konnte gezeigt werden, daß Neuronen in den primären und sekundären Gebieten der Sehrinde besonders gut auf elementare Eigenschaften von visuellen Stimuli reagieren *(Hubel, 1988)*. Solche elementaren Eigenschaften sind Hell-Dunkel-Grenzen, Farbpunkte oder Linien bestimmter Orientierung in einem bestimmten Teil des visuellen Feldes. Es liegt demnach nahe anzunehmen, daß auch im Fall von akustischen Sprachreizen Neuronen existieren, die auf elementare Merkmale von Lauten (Tonhöhen, Tonhöhenveränderungen, Reizbeginn und -ende) reagieren. Für nichtsprachliches akustisches Material konnte dies im Tierversuch nachgewiesen werden *(Whitfield & Evans, 1965)*. Es konnte sogar gezeigt werden, daß Neuronen existieren, die differentiell auf Silben antworten, die sich nur minimal unterscheiden *(Steinschneider et al., 1982)*. So wurden z.B. Neuronen gefunden, die auf die Silben /ba/ und /ga/ stark reagierten, jedoch nur schwach auf die Silben /pa/ und /ka/. Phonetisch unterscheiden sich diese Silbengruppen nur durch ein unterscheidendes Merkmal (engl. *distinctive feature*). /b/ und /g/ sind *stimmhafte* Konsonanten, während /p/ und /k/ stimmlos artikuliert werden. Da bestimmte Neuronen auf das Merkmal Stimmhaftigkeit antworten, können sie als neuronale Entsprechungen dieses Merkmals betrachtet werden. In der akustischen Rinde konnten weitere Neuronentypen gefunden werden, die selektiv auf Sprachlaute antworten, die bestimmte unterscheidende Merkmale aufweisen. Dies läßt natürlich offen, ob die "Distinctive Feature-Neuronen" außerdem auch auf andere, z.b. nicht-sprachliche akustische Reize antworten. Letzteres erscheint durchaus wahrscheinlich, da sich die Distinctive Features meist physikalisch einfach definieren lassen (z.b. als Pausenlänge oder Formantenverlauf).

In der visuellen Rinde findet man auch Neuronen, die auf *komplexere Eigenschaften* visueller Stimuli antworten. Solche komplexeren Stimuli sind z.b. Linien bestimmter Orientierung unabhängig von ihrer Positionierung im visuellen Feld, sich in eine bestimmte Richtung bewegende Hell-Dunkel-Kanten oder zwei in einem bestimmten Winkel zueinander angeordnete Kanten. Es könnte sein, daß mehrere auf Elementareigenschaften ansprechende Neuronen auf *nachgeschaltete* Neuronen projizieren, die dann auf die komplexeren Eigenschaften ansprechen (*Whitfield & Evans, 1965*). Das Antwortverhalten einiger dieser "komplexen" Zellen kann aber auch erklärt werden, wenn man annimmt, daß mehrere ursprünglich "einfache" Zellen stark *untereinander* gekoppelt wurden (*Braitenberg & Schüz, 1991*).

Die sprachlichen Einheiten, die in der Hierarchie über den phonetischen unterscheidenden Merkmalen stehen, sind die Sprachlaute oder *Phoneme*. Ein Phonem kann durch ein Bündel unterscheidender Merkmale charakterisiert werden. /b/ wird z.b. als stimmhaft, labial und plosiv definiert. Analog zum visuellen System kann angenommen werden, daß mehrere "Distinctive Feature-Neuronen" auf ein nachgeschaltetes Neuron projizieren, das dann einem Phonem entspricht. Wieder bleibt aber die Alternative, daß sich "einfache" Neuronen, die unterscheidende Merkmale repräsentieren, zu einem Verband zusammengeschlossen haben, der das Merkmalsbündel repräsentiert. Diese zweite Alternative scheint sogar für den Bereich der Sprache besonders wahrscheinlich, da bei der Phonemperzeption immer verschiedene Distinctive Feature-Neuronen gemeinsam aktiviert werden. Wenn die Neuronen zufällig miteinander über Synapsen verbunden sind, so führt die häufige Koaktivation zur Verstärkung der Verbindungen (Hebb'sche Regel). Daß gleichzeitige Aktivität von synaptisch gekoppelten Neuronen zur Verstärkung ihrer Verbindung führt, wurde für Neuronen des Hippocampus und des Kortex durch elektrophysiologische Experimente bewiesen (*Gustafsson et al., 1987; Bonhöffer et al., 1989; Ahissar et al., 1992*). Weil die Hebb'sche Regel gilt, kann angenommen werden, daß synaptisch verbundene Neuronen, die auf unterscheidende Merkmale spezifisch ansprechen, sich zu stark gekoppelten Zellgrup-

pen vereinigen, wenn Phoneme häufig perzipiert werden. Den Phonemen entsprächen dann solche Neuronengruppen.[2]
Auf einem noch komplexeren Niveau kann bei der visuellen Wahrnehmung die *Gestalterkennung* angesiedelt werden. Das Erkennen der typischen Form eines Gesichts oder sogar eines ganz bestimmten Gesichts könnte der Aktivierung einzelner Neuronen entsprechen. Diese sogenannte "Großmutterzellentheorie" wird heute eher als unwahrscheinlich betrachtet *(Braitenberg, 1978; Miller & Wickens, 1991)*. Argumente gegen diese Annahme betreffen die Störungsanfälligkeit eines Systems, in dem nur eine einzige Zelle für eine Erkennensleistung zuständig ist sowie die Tatsache, daß die Aktivierung einer einzelnen Zelle der sensorischen Kortizes kaum einen nennenswerten Einfluß auf die Bewegungssteuerung haben kann - was z.B. im Fall der Wahrnehmung eines Raubtieres wünschenswert wäre *(Palm, 1990; Miller & Wickens, 1991)*. Es erscheint deshalb wahrscheinlicher, daß große Zellpopulationen die kortikalen Repräsentanten komplexer Gestalten sind. Dies schließt prinzipiell die Möglichkeit nicht aus, daß einzelne Neuronen solcher Netze sehr spezifisch antworten, etwa auf bestimmte Gesichtsformen *(Perrett et al., 1982; 1984; 1987)*. Demnach ist das neuronale Korrelat einer bestimmten Gestalt eine große Neuronengruppe, eine Cell Assembly. Assemblies, die verschiedenen Gestalten entsprechen, sind dann zwar voneinander verschieden, sie können aber Neuronen gemeinsam haben, ebenso wie zwei Gestalten visuelle Charakteristika gemeinsam haben können. Plausible Kandidaten für die neuronale Repräsentation von ähnlichen Gestalten sind also Cell Assemblies, die teilweise miteinander überlappen. Die Größe kortikaler Cell Assemblies wird gegenwärtig auf 10^3 bis 10^5 Neuronen geschätzt, wobei jedes Neuron Mitglied mehrerer Assemblies sein kann *(Palm, 1982; 1990; 1993)*.
In der sprachlichen Hierarchie finden sich über den Phonemen die *Silben*, die *Morpheme* (die bedeutungstragenden Wortteile) sowie die *Wörter*. Die kortikalen Entsprechungen dieser Elemente wären in größeren Neuronenpopulationen zu suchen. Silben enthalten Phoneme, deshalb kann auch von den Netzwerken,

---

[2] Um der Tatsache Rechnung zu tragen, daß Sprachlaute kontextabhängig verschieden realisiert sind *(Liberman et al., 1967)*, muß dieses einfache Modell modifiziert werden. Eine Modifikation wurde von Braitenberg und Pulvermüller (1992) vorgeschlagen, die annehmen, daß kontextabhängige Varianten eines Phonems durch überlappende Neuronengruppen repräsentiert sind. Auf diese Modifikation soll weiter unten eingegangen werden.

die Silben entsprechen, angenommen werden, daß sie Phonemrepräsentanten enthalten. Silben und Wortformen haben eine weitgehend festgelegte zeitliche Struktur. Es ist deshalb notwendig, daß im neuronalen Silben-Netzwerk eine zeitliche Struktur festgelegt ist. In der Hebb'schen Version des Cell Assembly-Konzeptes wird eine solche festgelegte Aktivierungsstruktur des Netzwerks nicht angenommen. Stark verschaltete Netzwerke mit festgelegter Aktivierungsstruktur wurden von Abeles *(1982)* postuliert und *Synfire Chains* genannt. In einer Synfire Chain sind Gruppen von Neuronen hintereinandergeschaltet, so daß nur bei Aktivierung der ersten Gruppe die nachgeschaltete Gruppe im nächsten Zeitschritt aktiviert wird usw. Experimentell fand Abeles *(1982; 1991)* bei Mehrzellenableitungen an Primaten festgelegte Muster von Neuronenaktivierungen. Diese Daten können durch die angenommenen Neuronenketten, in denen sich Erregung von einer Zellpopulation (10-100 Neurone) zur nächsten schrittweise fortpflanzt, erklärt werden. Solche Synfire Chains sind mögliche kortikale Entsprechungen von Silben. Die in der Synfire Chain hintereinandergeschalteten Neuronenpopulationen wären in diesem Fall als Phonemrepräsentationen zu betrachten.

Für Morpheme können größere Assemblies angenommen werden, die wiederum Silben-Netzwerke mit festgelegter Aktivierungsstruktur enthalten. Auf der nächst höheren Ebene wären Assemblies anzunehmen, die Wörtern entsprechen. Diese müßten dann eine oder mehrere Morphem-Assemblies enthalten. Schließlich könnten die komplexen Regeln, die der Produktion von Sätzen zugrundeliegen, durch Verbindungen zwischen solchen Wort- und Morphem-Assemblies repräsentiert sein. Eventuell spielt für die Realisierung syntaktischer Prinzipien auch die Dynamik der Aktivierung von Assemblies eine wesentliche Rolle.

Diese Annahmen bedürfen einiger Differenzierung. So ist offensichtlich, daß einerseits Wortformen zwei oder mehr Bedeutungen haben können, je nach Kontext, in dem die Wortform vorkommt *(Bierwisch, 1982; 1983)*, und daß andererseits dasselbe Wort oder Morphem durch unterschiedliche phonologische Formen realisiert sein kann *(Levelt, 1989)*. Bei der neuronalen Modellierung solcher Repräsentationen erweist es sich als nützlich, überlappende Cell Assemblies anzunehmen, also Mengen von Neuronen, die eine Schnittmenge haben. Ein Wort wie "Drachen", mit dem auf Fabelwesen, Spielzeug oder Sportgeräte Bezug genommen werden kann, könnte eigentlich drei Cell Assemblies entsprechen, die aber einen Überlappungsbereich haben, der die phonologische Form des Wortes repräsentiert. Die nicht überlappenden Teile der drei Assemblies wären mit den drei möglichen Bedeutungen der Wortform in Zusammenhang zu bringen. Es soll aber verhindert werden, daß alle drei Bedeutungen zugleich aktualisiert werden, sobald das Wort in einem bestimmten Kontext gehört wird. Deshalb muß ein Hemmechanismus vorhanden sein, der garantiert, daß zu einem bestimmten Zeitpunkt nur eine der drei Assemblies zündet. Die Rolle dieses Hemmechanismus kann der zu Beginn dieses Abschnitts diskutierte Schwellenregulations-Mechanismus übernehmen, der immer nur eine Assembly zur Zündung kommen läßt *(Braitenberg, 1978)*. Ebenso durch überlappende Assemblies kann man sich die Realisierung eines Wortes wie "gehen" vorstellen, das auch verkürzt als "gehn" ausgesprochen werden kann (wobei hier der Überlappungsbereich die identische Bedeutung der beiden Wortformen repräsentiert). Alternativ dazu kann man annehmen, daß nicht das Verb zwei Repräsentationen hat, sondern daß nur das Infinitiv-Morphem entweder voll als "-en" oder aber reduziert als "-n" realisiert ist. In diesem Fall wäre zu postulieren, daß das Infinitiv-Morphem zwei überlappenden Morphem-Assemblies entspricht, von denen eines ein Silben-Netzwerk, das andere dagegen lediglich ein Phonem-Netzwerk enthält. Auch in diesem Fall wäre wieder anzunehmen, daß der Schwellenregulations-Mechanismus zu einem bestimmten Zeitpunkt nur eine der beiden Assemblies zur Zündung kommen läßt.

Weiterer Ausarbeitung bedarf auch die Annahme, daß Verbindungen zwischen Assemblies syntaktische Regeln repräsentieren, und daß syntaktische Prinzipien mit der Dynamik der Aktivierung von Assemblies in Zusammenhang stehen. Eine ausführliche Diskussion dieser Postulate wird in Abschnitt 4.2 geführt werden. Zunächst sollen die Überlegungen und Untersuchungen auf das lexikalische Niveau beschränkt bleiben.

Das Cell Assembly-Konzept erlaubt es, einfache Mechanismen zu spezifizieren, die in frühen Stadien der *Sprachentwicklung* auftreten. Bereits bei der Geburt hat das Kind die Fähigkeit zur Unterscheidung von Phonemen, die sich nur durch ein Distinctive Feature unterscheiden *(Eimas et al., 1971; Eimas & Galaburda, 1989)*. Dann perzipiert das Kind die Phoneme, die in seiner Umgebung gesprochen werden, was zur Ausbildung von Phonem-Netzwerken im auditorischen System führt. Die Annahme von Phonem-Netzwerken, die sich aufgrund gemeinsamer Aktivierung von Neuronen des auditorischen Kortex ausbilden, erklärt die Sensibilisierung des Neugeborenen gegenüber den Lauten der Muttersprache *(Mehler, 1989)* und die Tatsache, daß bald nach der Geburt leicht abweichende Varianten eines Sprachlauts nicht mehr von dem prototypischen Vertreter unterschieden werden *(Kuhl et al., 1992)*.

Assemblies, die Silben entsprechen, bilden sich spätestens in der sogenannten *Lallphase* zwischen dem sechsten und zwölften Monat. In diesem Zeitraum kommt es zur häufigen und wiederholten Artikulation von Silben. Diese Artikulationen werden durch neuronale Aktivität im motorischen Kortex und in den prämotorischen Arealen des inferioren Frontalkortex verursacht. Da das Kind die selbst erzeugten Laute auch perzipiert, werden während der Artikulation auch Neuronen des auditorischen Kortex im superioren Temporallappen aktiv. Die Artikulationen führen außerdem zur Stimulation von Propriozeptoren und von Rezeptoren der Haut, die wiederum Neuronen der somatosensorischen Areale des inferioren Parietalkortex erregen. Bei der Artikulation von Silben, die meist eine Länge von ca. 200 ms haben, werden also Neuronen des inferioren Frontalkortex, des inferioren Parietalkortex (Gyrus supramarginalis) sowie der superioren Temporalwindung ungefähr gleichzeitig aktiv. Da neuroanatomische Untersuchungen am Affen die Vermutung nahelegen, daß auch beim Menschen diese Gebiete durch starke Faserbündel verbunden sind (*Deacon 1992a; 1992b*), kann angenommen werden, daß sich gleichzeitig aktive Neuronen zu einer Cell Assembly verschalten. Eine solche Assembly wäre demnach über mehrere Areale verteilt (*transkortikale Assembly*), präziser gesagt über den Kortexbereich, der die Sylvische Furche umgibt (*perisylvische Region*).[3] Die Neuronen, die zur Artikulation der Silbe /ba/ führen und diejenigen, die durch diese Artikulation aktiviert werden, müssen verschieden sein von den Populationen, die bei Artikulation anderer Silben aktiv wird. Es kann demnach postuliert werden, daß unterschiedliche Silben distinkten Cell Assemblies entsprechen. Dabei ist wahrscheinlich, daß Silben, die Phoneme oder Distinctive Features ihrer Phoneme gemeinsam haben, überlappenden Assemblies entsprechen.

Ähnliche Überlegungen gelten prinzipiell auch für das nächst-niedrigere Repräsentationsniveau, das der Phoneme. Wann immer ein /b/ artikuliert wird, muß eine Gruppe von Neuronen des motorischen kortikalen Systems aktiv sein. Natürlich führt auch jede Artikulation eines /b/s zu einem akustischen Feedback und damit zu spezifischen Erregungsmustern im auditorischen System. Weil diese Aktivierungsprozesse oft gleichzeitig (oder kurz nacheinander) ablaufen, kann auch für Phoneme eine Repräsentation in Assemblies angenommen werden, die aus einem motorischen (frontalen) und einem sensorischen (parietalen und temporalen) Teil bestehen. Allerdings ist aus phonetischen Untersuchungen

---

[3] Entsprechend dem Vorschlag von Bogen und Bogen (1976) wird hier die *perisylvische Region* als der Kortexbereich definiert, der die Sylvische Furche umgibt (s. Abschnitt 1.2). Alle Areale auf dem ersten Gyrus, der die Sylvische Furche umgibt, sowie alle Areale in der Sylvischen Furche (einschließlich Insula) werden demnach zur perisylvischen Region gerechnet. Der Gyrus angularis gilt nach dieser Definition *nicht* zum perisylvischen Bereich.

bekannt, daß die akustische Realisierung einzelner Phoneme stark kontextabhängig ist. Das /b/ in der Silbe /bi/ führt zu einem Schallsignal, das sich von dem eines /b/s in der Silbe /bu/ stark unterscheidet. Die Klanggestalten des /b/s sind also sehr verschieden, obwohl die Artikulationsbewegungen (Lippenschluß und -öffnung sowie Stimmeinsatz) weniger mit dem Kontext variieren. Dies läßt vermuten, daß die neuronalen Repräsentanten von Phonemen schon sehr komplexe Netzwerke sind, die aus einem motorischen Teil und mehreren sensorischen bestehen können. Die Repräsentationen im akustischen System wären dann über das im Frontalkortex niedergelegte Artikulationsmuster miteinander verbunden. Die Verbindung akustischer Muster über motorische Repräsentationen wurde übrigens schon früher von der "Motor Theory of Speech Perception" postuliert (*Liberman et al., 1967; Liberman & Mattingly, 1985*). Der Cell Assembly-Ansatz erlaubt eine Konkretisierung dieser Annahme in Form von neurobiologischen Mechanismen.

Eine Verbindung zwischen akustischen und motorischen Mustern ist für die nächste Stufe der Entwicklung einer gesprochenen Sprache notwendig. Zum Ende des ersten Lebensjahres, also am Ende der Lallphase, beginnt das Kind, vorgesprochene Silben und Wortformen *nachzusprechen*. Die Nachsprechleistung ist nur dann möglich, wenn akustisch-motorische Verbindungen existieren, die es erlauben, das Gehörte mit einer Bewegung zu assoziieren. Die Funktion der Lallphase dürfte also darin bestehen, diese für spätere Stufen des Spracherwerbs notwendige Assoziationen in Form von transkortikalen Assemblies herzustellen (*Braitenberg, 1980; Fry, 1966*).

Assoziation von motorischen und sensorischen Mustern dürfte auch für die Entwicklung der *Gestensprachen* von entscheidender Bedeutung sein. Ab dem sechsten Lebensmonat zeigt das Kind nicht nur stereotype Wiederholungen von Aktikulationen, es fallen in dieser Zeit auch spontane repetitive Bewegungen auf. Wird eine Gestensprache erlernt, so schließt sich an diese Periode eine "Nachsprechphase" an, in der gesehene Gesten imitiert werden. Es ist bemerkenswert, daß die beiden Phasen, die der spontanen repetitiven Produktion und die der Imitation, zeitgleich mit den entsprechenden Entwicklungsstadien gesprochener Sprache sind (*Locke, 1989; 1991; Petitto & Marentette, 1991*). Der Cell Assembly-Ansatz geht davon aus, daß sich während der spontanen repetitiven Aktivitäten (Gestikulieren oder Lallen) Assemblies bilden, die Neuronen des motorischen Systems mit Neuronen sensorischer Systeme (des visuellen oder akustischen) koppeln (*Pulvermüller, 1992a, b*).

Die Artikulation von Phonemen, Silben und Wörtern setzt neuronale Aktivität in beiden kortikalen Hemisphären voraus, wie auch die Wahrnehmung akustischer

Sprachreize Neuronen beider Hemisphären aktiviert. Es muß also angenommen werden, daß die sprachrelevanten Assemblies grundsätzlich aus *Neuronen beider Hemisphären* gebildet werden *(Pulvermüller & Schönle, 1993)*. Allerdings erscheint wahrscheinlich, daß schon beim Kind mehr Neuronen der linken Hemisphäre an sprachverarbeitenden Prozessen beteiligt sind als Neuronen der rechten. Diese Annahme stützt sich auf folgende empirischen Befunde. 1) Die Auftretenswahrscheinlichkeit von Sprachstörungen nach linkshirniger Schädigung ist viel größer als die nach rechtshirniger Läsion. Dies gilt für Kinder (auch unter 5 Jahren) in gleichem Maße wie für Erwachsene *(Woods, 1983)*.[4] 2) Schon kurz nach der Geburt können über der linken Hemisphäre für verschiedene Sprachreize unterschiedliche hirnelektrische Antworten gemessen werden, nicht jedoch über der rechten Hemisphäre *(Molfese, 1978; Molfese et al., 1975; Molfese, 1984; Molfese & Betz, 1988)*. Diese Daten machen es wahrscheinlich, daß transkortikale Assemblies, die Silben und Wortformen entsprechen, zumindest bei der Mehrzahl der Rechtshänder *stark nach links lateralisiert* sind.

Die hirnorganischen Ursachen für die Lateralisierung von Sprachfunktionen könnte in neuroanatomischen Unterschieden der Hemisphären liegen *(Galaburda et al., 1991; Steinmetz, 1992; Hayes & Lewis, 1994)*. Diese Asymmetrien könnten wiederum genetisch programmiert oder durch Stimulation während der Embryonalphase beeinflußt sein *(Previc, 1991)*. Es ist aber zum gegenwärtigen Zeitpunkt sehr umstritten, aufgrund welcher Mechanismen organische Asymmetrien zu funktionellen Asymmetrien und zur "Sprachdominanz" einer Hemisphäre führen. Umfassende Besprechungen dieses kontroversen Themas finden sich in verschiedenen neueren Arbeiten *(Miller, 1987; Previc, 1991; Steinmetz, 1992; Hayes & Lewis, 1993)*. Eine Diskussion der verschiedenen Positionen würde den Rahmen dieser Arbeit sprengen. Es soll aber festgehalten werden, daß die vorhandene Evidenz zeigt, daß Sprachprozesse lateralisiert sind und daß dies schon in frühen Stadien der Sprachentwicklung der Fall ist. Vom Standpunkt eines gehirntheoretischen Modells, das transkortikale Netzwerke als Verarbeitungseinheiten annimmt, erscheint deshalb wahrscheinlich, daß solche Netzwer-

---

[4] Daneben ist bekannt, daß Kinder unter 6 Jahren nach Schädigung ihrer Sprachareale oder nach linksseitiger Hemisphärektomie die volle Sprachkompetenz erwerben können *(Basser, 1962; Smith, 1966)*. Dies ist auf große kortikale Plastizität zurückzuführen. Unmittelbar nach der Schädigung des linken Kortex (nicht jedoch nach rechtsseitiger Schädigung) kann dennoch sehr häufig eine Sprachstörung nachgewiesen werden, was für frühe Lateralisierung spricht *(Woods, 1983)*.

ke asymmetrisch auf die Hemisphären verteilt sind, daß also die Mehrzahl der Neuronen eines Netzwerks der sprachdominanten Hemisphäre angehören. In der frühen sprachlichen Entwicklung bilden sich demnach kortikale Repräsentationen von Phonemen, Silben und Wortformen, die perisylvisch lokalisiert und, zumindest bei der Mehrzahl der Rechtshänder, nach links lateralisiert sind. Später in der Sprachentwicklung lernt das Kind, daß manche Wörter häufig in bestimmten Stimuluskonstellationen benützt werden. Ein Wort wie "Fisch" wird besonders häufig geäußert, wenn gerade ein Fisch gefangen, betrachtet oder gegessen wird. Das Auftreten der Wortform "Fisch" korreliert also stark mit dem Auftreten von Stimuli verschiedener Modalitäten. Auf der neurobiologischen Ebene kann angenommen werden, daß Neuronen der perisylvischen Wortform-Assembly sich mit gleichzeitig aktivierten Neuronen verschiedener kortikaler Regionen assoziieren, z.b. mit Neuronen des visuellen und somatosensorischen Kortex sowie der Assoziationskortizes. Demnach entsteht eine Assembly, deren Neuronen *über weite Teile des Kortex verteilt* sind (Abb. 2.5). Es erscheint wahrscheinlich, daß solche weit verteilten Assemblies konkreten Inhaltswörtern, also Nomina, Verben und Adjektiva, entsprechen. Da die multimodalen Stimuli, die mit der Wortpräsentation einhergehen, beide kortikale Hemisphären gleichermaßen erreichen, dürften die Assemblies, die Inhaltswörtern entsprechen, *weniger stark lateralisiert* sein als die sich früh entwickelnden Wortform-Assemblies.

Die Annahme, daß die neuronalen Repräsentanten von Inhaltswörtern über weite Teile des Kortex verteilt sind, läßt sich weiter präzisieren (*Braitenberg & Pulvermüller, 1992; Pulvermüller 1995a; 1996*). So lassen sich Inhaltswörter finden, die vor allem im Zusammenhang mit visueller Stimulation erlernt werden (z.B. viele Tiernamen). Für Assemblies, die solchen Wörtern entsprechen, wäre eine Verteilung ihrer Neuronen über visuelle und perisylvische Kortizes zu erwarten. Im Gegensatz dazu wäre für ein Wort, dessen Bedeutung in Zusammenhang steht mit Körperbewegungen (z.B. Handlungsverben wie *gehen*), eine Assembly anzunehmen, die neben perisylvischen Neuronen auch Nervenzellen der motorischen, prämotorischen und präfrontalen Kortexgebiete umfaßt. Generell kann davon ausgegangen werden, daß die Modalität, die für das Lernen der Bedeutung eines Wortes besonders relevant war, die kortikale Topographie der Assembly festlegt. Diejenigen Teile einer Assembly, die beim Bedeutungslernen mit der Wortform-Repräsentation verbunden werden, können vom psycholinguistischen Standpunkt als Repräsentanten von Bedeutungs- (und Syntax-) Aspekten des Wortes, seines *Lemmas (Levelt, 1989)* betrachtet werden.

Wie schon in Abschnitt 1.2 ausgeführt, werden in der Sprachwissenschaft Inhaltswörter und Funktionswörtern voneinander abgegrenzt. Funktionswörter (wie

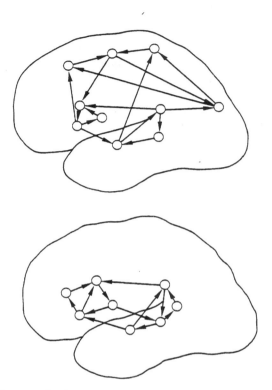

Abb. 2.5: Schematische Repräsentation der kortikalen Verteilung von Assemblies, die Inhaltswörtern (oben) und Funktionswörtern (unten) entsprechen. Außerdem ist anzunehmen, daß Funktionswort-Assemblies stark zur linken Hemisphäre hin lateralisiert sind, wogegen Inhaltswort-Assemblies weniger stark lateralisiert sind (aus: Pulvermüller, 1992a).

die, ist, es, daß) haben vorwiegend syntaktische Funktion und werden unabhängig vom Auftreten bestimmter Umgebungsreize verwendet. Es besteht deshalb mit Sicherheit keine hohe Korrelation zwischen ihrem Auftreten und dem Auftreten nichtsprachlicher Stimuli. Demnach ist unwahrscheinlich, daß sich Assemblies, die Funktionswörtern entsprechen, mit Neuronen außerhalb des perisylvischen Kortex assoziieren. Die Assemblies der Funktionswörter sollten deshalb, ebenso wie die Assemblies der früh erworbenen Wortformen, *im perisylvischen Kortex lokalisiert und stark nach links lateralisiert* sein (Abb. 2.5).

Für Buchstaben- oder Lautketten, die in einer Sprache nicht vorkommen, dürften in den Gehirnen der Sprecher dieser Sprache keine neuronalen Entsprechungen in Form von Cell Assemblies existieren. Dies gilt für willkürliche Laut- oder Buchstabenfolgen (*Nichtwörter*) ebenso wie für Ketten, die den phonologischen und orthographischen Regeln der Sprache gehorchen (*Pseudowörter*). Nur für Wörter und für die einfachen Silben, die in der Lallperiode vorkommen, können spezifische Cell Assemblies angenommen werden. Die Wahrnehmung eines Pseudowortes wie "mälinch" dürfte zur Erregung von Phonem-Assemblies führen, die den Lauten /m/, /l/, /i/ etc. entsprechen, vielleicht werden auch Assemblies teilweise aktiviert, die verwandte Wörter repräsentieren (*männlich, nämlich, ähnlich*). Da dieses Pseudowort wahrscheinlich nie perzipiert oder produziert wurde, existiert keine Assembly, die nach seiner Präsentation zündet. Statt der Zündung einer optimal stimulierten Assembly werden mehrere Assemblies teilweise aktiv.

Zusammenfassend wird angenommen, daß phonetischen Distinctive Features, Phonemen, Silben, Morphemen und Wörtern Neuronen und Zellverbände verschiedener Komplexität entsprechen. Während Distinctive Features in einzelnen Neuronen und Phoneme in kleinen Neuronengruppen repräsentiert sein könnten, wären für Silben Neuronenketten mit festgelegter zeitlicher Struktur (synfire chains) anzunehmen und für Morpheme und Wörter größere Assemblies, die solche Ketten enthalten. Auf dem lexikalischen Niveau ergeben sich die Annahmen, (1) daß Inhaltswörter wenig lateralisierten und weit über den Kortex verteilten Assemblies entsprechen, (2) daß Funktionswörter stark lateralisierte perisylvische Assemblies haben, und (3) daß für Pseudowörter keine spezifischen Assemblies existieren. Diese Überlegungen führen zu Vorhersagen, die sich empirisch testen lassen. Experimente, die zur Testung der Hypothesen (1) bis (3) durchgeführt wurden, werden in den Kapiteln 2 und 3 dargestellt.[5]

---

[5] Die in diesem Abschnitt referierten Überlegungen wurden von Braitenberg und Pulvermüller (1992; Pulvermüller, 1992a; 1992b) genauer ausgeführt.

2.5 Aphasische Syndrome und ihre gehirntheoretische Erklärung

Befunde aus der Aphasieforschung erlauben eine Bewertung des vorgeschlagenen Cell Assembly-Modells. Wie in den ersten Abschnitten dieses Kapitels erwähnt, sind zwar fast alle Aphasien multimodale Störungen, sie unterscheiden sich jedoch im Hinblick auf die Symptome Flüssigkeit der Sprachproduktion, Sprachverständnisdefizit, Beeinträchtigung der Produktion bestimmter Wortklassen (Funktions- und Inhaltswörter) und Beeinträchtigung des Verständnisses bestimmter Satztypen. Das Wernicke-Lichtheim-Geschwind Modell erklärt wichtige Aspekte der Produktions-/Perzeptionsstörung (s. Abschnitt 2.1), das Garrett'sche Schema kann die selektive Beeinträchtigung der Produktion von Wörtern bestimmter Klassen modellieren (Abschnitt 2.2), und das agrammatische Satzverständnisdefizit kann unter Verwendung moderner linguistischer Theorien beschrieben werden (Abschnitt 2.3). Ein Modell, das all diese Phänomene erklären kann, ist den vorgenannten Theorien überlegen und deshalb zu bevorzugen.

Der *multimodale* Charakter der Aphasien ergibt sich zwingend aus dem Cell Assembly-Modell. Wenn die Neuronen von Wortform-Assemblies über den gesamten perisylvischen Bereich verteilt sind, so müssen bei der Produktion wie auch bei der Wahrnehmung von Wörtern Neuronen des gesamten perisylvischen Bereichs aktiv werden. Sind einige dieser Neuronen durch eine Hirnschädigung zerstört, so ergibt sich eine Störung des Zündungsvorgangs, unabhängig davon, ob die Stimulation der Assembly durch Input über das Hörsystem (Wortverstehen) oder über kortiko-kortikale Fasern (spontane Sprachproduktion) erfolgt. Der Hauptunterschied zwischen *Broca-* und *Wernicke-Aphasie*, die unterschiedlich starke Beeinträchtigung von Sprachproduktion und -verständnis, kann folgendermaßen erklärt werden: Bei Läsion im sprachmotorischen System (in der Broca-Region und ihrer Umgebung) werden nicht nur Assembly-Neuronen zerstört, sondern auch die Verbindungen, über die Assembly ihren motorischen Output weitergibt. Bei Schädigung im auditorischen System sind nicht nur Assembly-Neuronen, sondern außerdem solche Verbindungen zerstört, über die sensorische Information aus dem akustischen System zur Assembly gelangt. Im einen Fall ergibt sich also eine stärkere Akzentuierung der Produktionsstörung und im anderen Fall eine vergleichsweise starke Perzeptions- oder Verständnisstörung. Das seltene Auftreten von unimodalen Aphasien, die nur Sprachproduktion oder akustisches Sprachverstehen betreffen (*Goodglass & Kaplan, 1972; Miceli et al.,*

1983; Kolk et al., 1985), falsifiziert das Cell Assembly-Modell nicht. Solche Störungen können unter der Annahme erklärt werden, daß die Störung in der einen Modalität gerade noch mit den zur Verfügung stehenden Tests erfaßbar ist, diejenige in der scheinbar unbeeinträchtigten Modalität jedoch nicht mehr. Diese Überlegungen konnten mit einem einfachen Computermodell des Sprachkortex konkretisiert werden *(Pulvermüller & Preißl, 1991; 1994)*. Das Modell bestand aus sechs Schichten *(layers)*, die als Analog kortikaler Areale betrachtet werden können (s. Abb. 2.6). Die Verknüpfungsstruktur der Schichten des Modells orientiert sich an neuroanatomischen Daten, aus denen die Verknüpfungsstruktur des perisylvischen Kortex erschlossen wurde *(Deacon, 1988)*. Jede Schicht enthielt 20 künstliche Neuronen, die nur dann für einen Zeitschritt aktiv wurden, wenn sie zuvor zwei gleichzeitige Eingänge erhalten hatten. Jedes

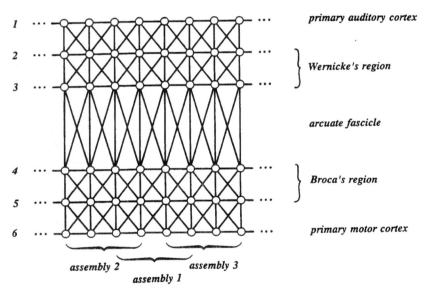

Abb. 2.6: *Ausschnitt aus dem Netzwerk, das zur Simulation von Prozessen innerhalb des perisylvischen Kortex benützt wurde. Einzelne "Schichten" des Modells entsprechen kortikalen Areae. Die Verknüpfungsstruktur zwischen den Schichten ähnelt der Areale der perisylvischen Sprachregion (aus: Pulvermüller & Preißl, 1991).*

Neuron war mit seinen nächsten Nachbarn reziprok verbunden. Über die Schichten hinweg erstreckten sich (transkortikale) Assemblies. Eine Assembly wurde als Repräsentation eines Wortes betrachtet und galt als aktiv oder gezündet, wenn mehr als 70 Prozent ihrer Neuronen aktiv waren. Sprachproduktion wurde simuliert durch Stimulation von vier Neuronen in der Mitte der Assembly, die zur Zündung der stimulierten Assembly samt ihrer "Outputneuronen" der motorischen (unteren) Schicht führte. Sprachverstehen wurde simuliert durch Stimulation der "Inputneuronen" einer Assembly in der akustischen (obersten) Schicht, die Zündung der stimulierten Assembly nach sich zog. In diesem Modell wurde nun ein bestimmter Prozentsatz zufällig herausgegriffener Neuronen einer Schicht zerstört (d.h. entfernt). Dies führte zu folgenden funktionellen Veränderungen: Die stimulierte Assembly zündete entweder langsamer (delayed), oder eine nicht-stimulierte Assembly zündete statt der stimulierten (wrong), oder es kam zu keiner Zündung mehr (aborted). Der Ort (d.h. die Schicht) der Läsion beeinträchtigte die "Wortproduktion" und das "Wortverstehen" zu unterschiedlichen Graden.

Wie Tabelle 2.1 zeigt, ergaben sich bei Läsion peripherer Schichten (layer 1 und 6) lediglich Störungen entweder bei der Produktion oder bei der Perzeption. Diese unimodalen Störungen können den unimodalen Artikulationsstörungen und Hörstörungen, die Schädigungen der primären Kortizes folgen, als analog betrachtet werden. Bei Läsion der mittleren Schichten (layer 2 bis 5) ergaben sich immer Störungen sowohl der Produktion als auch der Perzeption, was dem multimodalen Charakter der Aphasien entspricht. Wie erwartet ergaben sich relativ ausgeprägte Perzeptionsstörungen nach Schädigung in der "Wernicke-Region" des Modells und vergleichsweise gravierende Produktionsstörungen bei Schädigung der "Broca-Region" des Modells. Beim Produktionsvorgang ergab sich nur bei Läsion in den Schichten 4 bis 6 ein häufiges Ausbleiben jeglicher Zündung ("abortive"), wogegen bei Läsion der Schichten 1 bis 3 Fehlaktivierungen überwogen ("wrong"). Dies kann mit der Tatsache in Verbindung gebracht werden, daß Aphasiker mit anteriorer Läsion oft stockend und nicht-flüssig sprechen, wogegen der Sprachfluß bei Läsion im posterioren perisylvischen Kortex flüssig bleibt, jedoch durch viele fehlerhaft verwendete Elementen charakterisiert ist.

Dieses einfache Modell führt demnach zu einer Erklärung der wesentlichen Unterschiede zwischen den typischen Störungsbildern der Broca- und der Wernicke-Aphasie. Das Cell Assembly-Modell ist dem Wernicke-Lichtheim-Geschwind-Modell insofern überlegen, als es auch Verständnisdefizite bei Läsion der anterioren Sprachregion erklären kann. Eine Erklärung *agrammatischer* und

	a) speech production			b) speech perception			
	normal	delayed	wrong	abortive	normal	delayed	wrong	abortive
1	100	0	0	0	0	12	5	83
2	51	34	15	0	0	10	3	87
3	12	12	71	5	0	3	9	88
4	7	14	73	6	1	23	70	6
5	3	23	7	67	49	29	22	0
6	5	0	0	95	100	0	0	0

Tab. 2.1: Ergebnisse einer Computersimulation der Folgen perisylvischer Läsionen für die Produktion (a) und das Verständnis (perception, b) von Wörtern. Angegeben ist der Prozentsatz der Assembly-Zündungen, die durch eine "Läsion" von 30 Prozent der Neuronen in einer der sechs Schichten des Modells von Abb. 2.6 unbeeinträchtigt (normal), verzögert (delayed), fehlerhaft (wrong) oder ganz verhindert (Abortive) wurden. Bei Schädigung in der "Broca-Region" des Modells ergeben sich höhere Fehlerraten ("wrong" bzw. "abortive" activation) bei der Simulation der Sprachproduktion und schwächere Beeinträchtigungen der simulierten Sprachverständnisprozesse. Bei Läsion in der "Wernicke-Region" ergeben sich dagegen stärkere Perzeptions- oder Verständnisdefizite. Dennoch führen alle Läsionen der "Sprachzentren" des Modells sowohl zu Produktions- als auch zu Perzeptionsstörungen (aus: Pulvermüller & Preißl, 1991).

anomischer Sprachproduktion ergibt sich außerdem, wenn man die unterschiedlichen kortikalen Verteilungen der Cell Assemblies berücksichtigt, die Funktions- und Inhaltswörtern entsprechen (s. Abb. 2.5). Wenn die Assemblies der Inhaltswörter sich in der Regel über den gesamten Kortex erstrecken, so sollten auch Läsionen außerhalb des perisylvischen Bereichs die Produktion von Inhaltswörtern selektiv beeinträchtigen. Dies scheint tatsächlich der Fall zu sein. Der typische Läsionsort für die amnestische Aphasie mit ihrer charakteristischen Wortfindungsstörung für Inhaltswörter ist der Gyrus angularis (*Benson, 1979; Huber et al., 1989; Rosenbek et al., 1989*), der sich posterior an den perisylvischen Gyrus anschließt. Auch andere Läsionen außerhalb des perisylvischen Bereichs sowie Läsionen der nicht-dominanten Hemisphäre verursachen vielfach Störungen beim Verwenden von Inhaltswörtern (*Carr et al., 1981; Basso et al., 1985*). Schädigungen des perisylvischen Bereichs sollten dagegen nach dem neurobiologischen Modell beide Assemblytypen schädigen. Da aber die Assemblies der Funktionswörter sich auf das perisylvische Gebiet beschränken, sollte eine Läsion in diesem Gebiet diese Netzwerke stärker schädigen als die der Inhaltswörter, die nur einen Teil ihrer Neuronen perisylvisch lokalisiert haben. Eine Läsion in der Nähe der sylvischen Furche wird also einen größeren Prozentsatz der Neuronen von Funktionswort-Assemblies zerstören und nur einen kleineren Prozentsatz der Neuronen von Inhaltswort-Assemblies. Vorauszusagen wäre also, daß agrammatische Störungen ausschließlich nach Schädigung im perisylvischen Bereich auftreten, und zwar nach Schädigung der anterioren Teils dieses Gebietes ebenso wie nach Läsion seines posterioren Teils. Dies hat sich tatsächlich bestätigt (*Miceli et al., 1989; Vanier & Caplan, 1990*). Vanier und Caplan (*1990*) schreiben ausdrücklich, "that the language-processing functions which are disturbed to yield agrammatism can be narrowly localized and that this narrow localization can vary within the entirety of the perisylvian cortex". Das Cell Assembly-Modell kann also die Doppeldissoziation zwischen amnestischer Aphasie (Inhaltswortdefizit) und Agrammatismus (Funktionswortdefizit) erklären. Im Unterschied zu modularistischen Theorien, wie etwa der von Garrett (Abschnitt 1.2), erlaubt sie auch eine Spezifizierung der kortikalen Areale, deren Läsion zu den genannten Störungen führt.

Prinzipiell sollte sich aber nach dem Cell Assembly-Ansatz ein Defizit nicht nur in der Produktion, sondern auch in der Verständnisleistung nachweisen lassen. Wenn dem Agrammatismus also eine vergleichsweise starke Schädigung der Funktionswort-Assemblies zugrundeliegt, so müßten sich bei dieser Störung auch Defizite bei der Wahrnehmung und dem Verständnis von Funktionswörtern zeigen. Im Alltag ist dies keineswegs auffällig und im psycholinguistischen Test fällt bei den meisten Agrammatikern lediglich ein Defizit beim *Verständnis komplexer syntaktischer Konstruktionen* auf. Wie in Abschnitt 2.3 dargelegt, verstehen Agrammatiker Aktivsätze ohne weiteres, sie haben jedoch systematische Schwierigkeiten mit Passivsätzen. Dies kann mithilfe linguistischer Theorien erklärt werden. Eine einfachere Erklärungsmöglichkeit ergibt sich, wenn man annimmt, daß die Verarbeitung von Funktionswörtern bei vielen Agrammatikern beim Sprachverstehen ähnlich schwierig ist, wie es bei der Produktion zu sein scheint. Wenn ein Agrammatiker Funktionswörter und Flexionsendungen nicht (oder falsch) perzipiert, so würde er von einem Satz wie "the lion chases the tiger"[6] lediglich die Inhaltswörter verstehen, also "lion chase tiger", was sicherlich zur korrekten Interpretation führt. Ein Passivsatz wie "the tiger is chased by the lion" würde aber nach Deletion der Funktionselemente zu "tiger chase lion" reduziert, was die falsche Interpretation nahelegt. Zu erklären bleibt aber, warum Agrammatiker Passivsätze nicht immer (oder meistens) falsch verstehen, was nach einer vollständigen Zerstörung aller Funktionswort-Repräsentationen unumgänglich wäre (*Zurif, 1990; Zurif et al., 1990*). Wie bereits erwähnt (Abschnitt 2.3) interpretieren viele Agrammatiker Passivsätze etwa zu 50 Prozent korrekt, was dem Zufallsniveau entspricht. Dies läßt sich erklären, wenn angenommen wird, daß nur ein Teil der in einem Satz enthaltenen Funktionswörter nicht verarbeitet wird. Versteht ein Agrammatiker z.B. jedes zweite Funktionselement korrekt, so wird er die "verstümmelten" Passivsätze etwa zu 50 Prozent korrekt verstehen, also entsprechend der Bedeutung des intakten Satzes (*Pulvermüller, 1994b*). Die Annahme, daß Agrammatiker bei Satzpräsentation nur manche Funktionswörter nicht oder inkorrekt verstehen, erscheint u.a. deshalb plausibel, weil auch in agrammatischer Sprachproduktion nur maximal ca. 50 Prozent der Funktionselemente fehlen (*Miceli et al., 1989; Menn & Obler, 1990*). Wenn dem Produktionsaspekt und dem Verständnisaspekt des Agrammatismus dieselbe Störung (Schädigung von Funktionswort-Assemblies) zugrundeliegt, so impliziert dies jedoch nicht, daß bei jedem Agrammatiker eine gleich starke Produktions- wie Verständnisstörung vorliegt. Wie oben ausgeführt, kann generell bei Aphasien eine stärkere Akzentuierung der Produktions- oder Perzeptionsstörung vorliegen, was sich im Rahmen des Cell Assembly-Ansatzes einfach erklären läßt

---

[6] Da die Forschung zum Agrammatismus primär an englischsprachigen Patienten durchgeführt wurde und für das Deutsche zum Teil nur unzureichende Daten vorliegen, werden hier englische Beispielsätze diskutiert.

(zusätzliche Schädigung efferenter/afferenter Verbindungen der Assemblies). Die agrammatischen Verständnisprobleme für komplexe syntaktische Konstruktionen können demnach auf ein Defizit in der Verarbeitung von Funktionswörtern zurückgehen, was durch das Cell Assembly-Modell erklärt wird. Im Vergleich zu konkurrierenden linguistischen Theorien hat der Cell Assembly-Ansatz den Vorteil größerer Ökonomie (weniger ungesicherte Annahmen sind notwendig) sowie den Vorteil neurobiologischer Konkretheit, was lokalisatorische Vorhersagen und eine genauere Spezifikation zugrundeliegender pathophysiologischer Mechanismen erlaubt.

Zusammenfassend kann das vorgestellte neurobiologische Sprachmodell einen Großteil der Daten aus der Aphasieforschung erklären. Der multimodale Charakter der Aphasien, aber auch die Unterschiede zwischen Broca- und Wernicke-Aphasie folgen aus der Annahme perisylvischer Assemblies. Die Doppeldissoziation zwischen Agrammatismus und amnestischer Aphasie kann auf die kortikale Verteilung der Assemblies von Funktions- und Inhaltswörtern zurückgeführt werden. Schließlich sind auch die Verständnisschwierigkeiten von Agrammatikern bei syntaktisch komplexen Konstruktionen als Folge der Läsion von perisylvischen Funktionswort-Assemblies erklärbar. Aufgrund seiner Erklärungskraft im Hinblick auf Daten aus der Aphasieforschung erweist sich der Cell Assembly-Ansatz gegenüber konkurrierenden neurologischen, kognitionspsychologischen und linguistischen Ansätzen als überlegen.[7]

2.6 Kortikale Plastizität und Ausbildung von Assemblies in der Rehabilitation von Aphasikern

Ein Nachteil vieler kognitionspsychologischer und linguistischer Theorien ist es, daß sie statisch sind und für die Lernfähigkeit von Organismen keine Erklärungsmöglichkeiten bieten. Wenn nur aufgrund angeborener Module und Prinzipien der Universalgrammatik die Sprache erlernt werden könnte, so wäre es nicht erklärbar, daß Patienten nach durch Schlaganfall bedingtem Sprachverlust ihre

---

[7] Die in diesem Abschnitt referierte Erklärung aphasischer Syndrome wurde von Pulvermüller und Preißl (1991; 1994) vorgeschlagen. Weitere Aspekte der Erklärung des Agrammatismus wurden von Pulvermüller (1994a) diskutiert.

Sprache oft teilweise wieder erlernen. Linguisten und Kognitionspsychologen argumentieren zwar, daß der Wiedergewinn der Sprachfähigkeit immer auf die Reaktivierung (oder "Deblockierung") noch gespeicherten Wissens beruhe (*Weigl & Bierwisch, 1970; Chomsky, 1980*), diese Doktrin erweist sich aber als nicht falsifizierbar (*Pulvermüller, 1990a*). Die Möglichkeit, daß der Aphasiker im Laufe seiner Genesung Sprachwissen aufgrund von Lernvorgängen erwirbt, kann kaum ausgeschlossen werden. Eine Theorie erscheint wünschenswert, die es erlaubt, Lernvorgänge zu spezifizieren, die dem (Wieder-) Erwerb von Wissen zugrundeliegen können.

Eine Form der gemischt transkortikalen Aphasie geht auf Schädigung der gesamten perisylvischen Region der sprachdominanten Hemisphäre zurück (*Berthier et al., 1991; Grossi et al., 1991*). Während bei Patienten mit diesem Störungsbild eine schwerwiegende und globale Störung fast aller Sprachfunktionen vorliegt, können sie noch verhältnismäßig gut nachsprechen. Das Nachsprechen gelingt noch bei einzelnen Wörtern und kurzen Phrasen, manchmal ist es sogar noch möglich, ganze Sätze nachzusprechen. Dagegen sind spontane Äußerungen von Wörtern in der Regel nicht möglich und auch das Verständnis von Wörtern gelingt meist nicht. Es wurde verschiedentlich berichtet, daß sich die Nachsprechfähigkeit solcher Patienten nicht schon kurz nach der Erkrankung entwickelt, sondern erst Monate später (*Kertesz, 1984; Grossi et al., 1991; Pulvermüller & Schönle, 1993*). Dies macht es wahrscheinlich, daß nach der Erkrankung Lernvorgänge stattgefunden haben, die schließlich zum Wiedererwerb des Nachsprechens führten. Allerdings besteht hier auch die Möglichkeit, daß noch latent vorhandenes Wissen "deblockiert" wurde (*Weigl, 1981*). Wenn sich jedoch nach dem Zeitraum der Spontanremission (bis zu 12 Monate nach Beginn der Erkrankung) innerhalb einer kurzen Trainingsperiode eine Fähigkeit ausbildet, so kann es als wahrscheinlich gelten, daß die Erweiterung des Verhaltensrepertoires auf assoziativen Lernprozessen beruht.

In einem vierwöchigen Therapieintervall wurde ein Patient mit gemischt transkortikaler Aphasie nach großer linksseitiger Läsion des perisylvischen Gebietes (ischämischer Insult) sprachtherapeutisch behandelt (*Pulvermüller & Schönle, 1993*). Die Therapie fand fünf Jahre nach der Erkrankung statt. Eine Spontanremission ist zu diesem Zeitpunkt weitgehend ausgeschlossen. In der Therapie wurde versucht, die dem Patienten noch mögliche Leistung des Nachsprechens für die Kommunikation nutzbar zu machen. Aufgabe des Patienten war es, zuerst eine Bildkarte zu wählen und dann seine Gesprächspartnerin aufzufordern, ihm den dargestellten Gegenstand zu geben. (Die gewählte Bildkarte ermöglichte eine Kontrolle der kommunikativen Absicht des Patienten.) Als Hilfestellung wurden Alternativfragen der Form "Wollen Sie ein X oder ein Y" vorgegeben, wobei entweder X oder Y das Zielwort war, mit dem der Patient seine Aufforderung ausführen konnte. Korrekte Aufforderungen des Patienten wurden kontinuierlich operant verstärkt. Während der Patient zu Beginn des Trainingsintervalls noch eine der Alternativen zufällig wiederholte, machte er schon nach wenigen Sitzungen überzufällig viele korrekte selektive Wiederholungen, allerdings bei etwas verlangsamten Reaktionszeiten. Gegen Ende der Therapieperiode wurden die Reaktionen wieder signifikant schneller und das Niveau der korrekten Aufforderungen stabilisierte sich bei 80 Prozent (*Pulvermüller & Schönle, 1993*). Eine Erklärung dieser Verhaltensänderung ist mit einem einfachen lerntheoretischen Modell möglich (s. Abb. 2.7). Im perisylvischen Bereich der rechten Hemisphäre hatten sich Wortform-Assemblies gebildet, die das Nachsprechen von Wörtern ermöglichten. Außerdem existierten bereits vor Beginn der Therapie weit verteilte Assemblies, die Repräsentanten der Wortbedeutungen. Die Verbindungen zwischen Wortform- und Bedeutungs-Assemblies waren jedoch vor der Intervention noch schwach. Durch die häufige Koaktivation bestimmter Paare von Wortform-Assembly und Bedeutungs-Assembly bei gleichzeitiger Perzeption von Wort und Bild kam es zu selektiver Verstärkung der Verbindungen zwischen bestimmten Paaren von Assemblies. Durch die Verstärkung der Verbindungen entstanden schließlich Assemblies höherer Ordnung, durch die Repräsentationen von Wortform und Bedeutung miteinander gekoppelt wurden. Diese Assemblies erlaubten nach der Therapieperiode schnelle und meist korrekte Reaktionen.

Mit diesem Modell werden assoziative Lernvorgänge spezifiziert, die bei der Wiedererlernung einer Fertigkeit nach zerebraler Läsion eine entscheidende Rolle spielen könnten. Es ist evident, daß diese Modellvorstellungen klare empirische Vorhersagen erlauben, welche Hirnbereiche zu Beginn und zum Ende der Therapie durch Wort- oder Bildpräsentation aktiviert werden. Eine Testung dieser Vorhersagen mit physiologischen oder metabolischen Imagingmethoden erscheint ohne weiteres möglich. Im Gegensatz dazu erlaubt ein nicht-biologischer Ansatz keine derartigen Vorhersagen.[8]

---

[8] Die in diesem Abschnitt beschriebenen empirirschen Untersuchungen wurden von Pulvermüller & Roth (1991) und Pulvermüller und Schönle (1993) ausführlicher dargestellt.

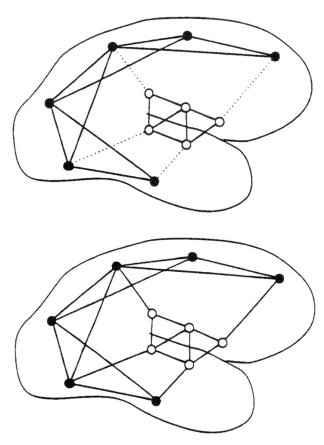

Abb. 2.7: Tentative Erklärung des Erlernens der selektiven Nachsprechleistung nach vollkommener Zerstörung der linken perisylvischen Region. Zunächst existieren lediglich miteinander schwach gekoppelte Assemblies, die Wortform und Wortbedeutung repräsentieren. Aufgrund häufiger gemeinsamer Aktivierung verstärken sich die Verbindungen und die beiden Netzwerke vereinigen sich zu einer stark gekoppelten Assembly. Nach Vorerregung mehrerer solcher lexikalischer Netzwerke (durch Vorsprechen mehrerer Wörter) genügt dann ein visueller Input, der mit der Bedeutung der Wortform in Zusammenhang steht, um die korrekte Assembly zur Zündung zu bringen. Der Patient kann dann aus einer Anzahl vorgegebener Wörter das korrekte selektiv wiederholen (aus: Pulvermüller & Schönle, 1993).

3. Neurobiologie der Wortverarbeitung: Unterschiede zwischen Wortklassen

In diesem Kapitel geht es darum, eine der Hypothesen des Cell Assembly-Modells empirisch zu testen. Die Hypothese betrifft die unterschiedliche Lokalisation von Assemblies, die grammatikalischen Funktionswörtern und bedeutungsvollen Inhaltswörtern entsprechen. Wie in Abschnitt 1.4 ausführlich diskutiert wurde, muß aufgrund theoretischer Vorüberlegungen für Funktionswort-Assemblies 1) eine perisylvische Lokalisierung und 2) eine starke Lateralisierung zur dominanten Hemisphäre hin angenommen werden. Die Assemblies, die Inhaltswörtern entsprechen, dürften dagegen, aufgrund ihrer multimodalen Assoziationen 1) über den gesamten Kortex verteilt und 2) weniger stark lateralisiert sein. Aufgrund dieser Hypothese lassen sich eine Reihe empirischer Vorhersagen machen, die in physiologischen und behavioralen Experimenten getestet wurden. In diesem Kapitel werden drei Experimente dargestellt. Abschnitt 3.1 faßt eine Studie zur Wortverarbeitung nach lateralisiert-tachistoskopischer Darbietung von Funktions- und Inhaltswörtern zusammen. Abschnitt 3.2 stellt eine Untersuchung vor, mit der die Verarbeitung der beiden Wortklassen bei Aphasikern mit Läsion der Wernicke-Region getestet wurde. Abschnitt 3.3 berichtet ein Experiment zu den elektrophysiologischen Korrelaten der Verarbeitung von Funktions- und Inhaltswörtern, wie sie im Elektroenzephalogramm beobachtet werden konnten. In Abschnitt 3.4 folgt eine kurze Zusammenfassung der empirischen Befunde und eine Diskussion der Frage, ob sie die hier formulierte Hypothesen stützen oder falsifizieren.

Dieses Kapitel beschränkt sich auf psychophysiologische und neuropsychologische Unterschiede zwischen den Klassen der Inhalts- und der Funktionswörter, obwohl auch für andere Wortklassen unterschiedliche kortikale Repräsentationen angenommen werden müssen (s. Abschnitt 2.4). Neuere Befunde haben außerdem deutlich gemacht, daß sich lokalisatorische Unterschiede nicht nur zwischen Funktions- und Inhaltswörtern, sondern auch zwischen Nomina und Verben *(Damasio & Tranel 1993; Preißl et al. 1995; Pulvermüller et al. 1996b)*, abstrakten und konkreten Nomina *(Kounios & Holcomb, 1994)*, und zwischen Nomina, die sich auf Menschen, Tiere und Werkzeuge beziehen *(Warrington & McCarthy 1987; Damasio et al. 1996; Martin et al. 1996)*, nachweisen lassen. Auch diese Befunde lassen sich aufgrund des Cell Assembly-Ansatzes zumindest teilweise erklären. Die Diskussion soll hier aus Raumgründen weitgehend auf Funktions-

und Inhaltswörter beschränkt bleiben. Eine weiterführende Diskussion findet sich in Pulvermüller *(1996).*

3.1 Verarbeitung von Funktions- und Inhaltswörtern bei lateralisierter tachistoskopischer Darbietung

Fragestellung und Vorhersagen: Je mehr Neuronen einer Assembly simultan aktiviert werden, desto schneller zündet die gesamte Assembly. Wenn eine Assembly stark nach links lateralisiert ist, so werden mehr Assembly-Neuronen aktiviert, wenn der neuronale Input die linke Hemisphäre erreicht. Die Zündung sollte dann relativ schnell erfolgen. Gelangt die Information dagegen in die rechte Gehirnhälfte, die einen kleineren Teil der Assembly-Neuronen enthält, so sollte der Zündungsvorgang mehr Zeit benötigen. Im tachistoskopischen Experiment können visuelle Stimuli so dargeboten werden, daß die Stimulusinformation zunächst ausschließlich eine der beiden Hemisphären erreicht. Aufgrund der Kreuzung der Sehbahn gelangt die Information aus dem linken visuellen (Halb-) Feld zunächst in die rechte Hemisphäre, während rechts dargebotenes Material zunächst Erregung in der linken Hemisphäre verursacht. Für eine nach links lateralisierte Assembly gilt dann, daß ihre Aktivierung durch Stimuli im rechten visuellen Feld (linken Hemisphäre) schneller erfolgen sollte, als durch Stimuluspräsentation im linken visuellen Feld (rechte Hemisphäre). Wenn sich Funktions- und Inhaltsassemblies im Grad ihrer Lateralisierung unterscheiden, so ist ein starker wortklassen-spezifischer links-/rechts-Unterschied für Funktionswörter zu erwarten, jedoch für Inhaltswörter ein vergleichsweise geringer.

Werden Stimuli kurzzeitig (< 150 ms) in einem der beiden visuellen Halbfelder dargeboten, so ist gewährleistet, daß während dieser kurzen Präsentationszeit keine gerichteten sakkadischen Augenbewegungen stattfinden können. Die Stimulus-Information wird dann zunächst ausschließlich in eine der Hemisphären transferiert. Bittet man die Probanden, für jeden Stimulus zu entscheiden, ob es sich um ein richtiges Wort oder um ein Pseudowort handelt und dies durch Knopfdruck zu signalisieren *(lexikalische Entscheidungsaufgabe),* so lassen sich Verhaltensdaten zur Wortverarbeitung (Reaktionszeiten und Fehlerraten) gewinnen. Vorauszusagen wäre für Funktionswörter eine schnellere und/oder weniger fehlerhafte Verarbeitung nach Rechtspräsentation im Vergleich zu Linkspräsentation. Für Inhaltswörter sollte der Verarbeitungsunterschied zwischen den beiden Bedingungen weniger ausgeprägt sein.

Methode: 22 rechtshändige *Probanden* (11 weiblich) nahmen am Experiment teil. Die Händigkeit wurde mit einer Kurzform des Händigkeitstests von Oldfield (*1971*) ermittelt. Keine der Probanden hatte linkshändige Familienangehörige. Das Durchschnittsalter war 19.5 Jahre. Alle Teilnehmer hatten Englisch als Muttersprache erworben und vor dem Alter von 10 Jahren keine Zweitsprache erlernt. Alle Teilnehmer waren normalsichtig und ohne Vorgeschichte einer Gehirnverletzung oder neurologischen Erkrankung.
Als *Stimulusmaterial* dienten 80 englische Wörter und 80 Pseudowörter. Die Pseudowörter wurden aus den Wörtern entweder durch Umstellung von Buchstaben innerhalb der Wörter oder durch Vertauschung der Buchstaben zwischen den Wörtern generiert. Wörter und Pseudowörter enthielten also dieselben Buchstaben und waren im Durchschnitt exakt gleich lang. Die Pseudowörter entsprachen den phonologischen und orthographischen Regeln des Englischen. Die Wörter bestanden aus 40 Funktions- und 40 Inhaltswörtern. Die Gruppe der Funktionswörter enthielt Pronomina, Hilfsverben, Artikel, Konjunktionen sowie eine kleine Zahl von Adverbien, die nicht auf -ly endeten. Die Gruppe der Inhaltswörter enthielt Nomina und Verben. Die Wortgruppen waren ausgeglichen im Hinblick auf folgende Variablen: Vorkommenshäufigkeit der Wörter nach Francis & Kucera (*1982*), Anzahl der Phoneme, Anzahl der Buchstaben, Anzahl der Silben. Die Wörter waren hochfrequent (Vorkommenshäufigkeit > 100 pro Mio), ein- oder zweisilbig und zwei bis sieben Buchstaben lang.
Die *Versuchsapparatur* bestand aus einem IBM-kompatiblen Rechner, der zur Stimuluspräsentation und zur Aufzeichnung der Reaktionen benutzt wurde. Die Stimuli erschienen auf einem 14-Zoll-Bildschirm. Um die Kopfposition relativ zum Bildschirm zu fixieren, wurde eine Kopfstütze mit Kinnhalterung verwendet. Die Reaktionen der Probanden wurden durch Tastendruck auf dem Computer-Keyboard ausgeführt.
Der *Versuchsablauf* bestand aus 320 Stimuluspräsentationen, wobei jedes Wort (und Pseudowort)[9] einmal im rechten und einmal im linken visuellen Feld erschien. Die Stimulusabfolge war randomisiert. Die Testungen, die jeweils etwa 25 Minuten dauerten, waren in zwei Teile gegliedert, mit einer kurzen Pause zwischen den Teilen. Die Testungen begannen nach einem Übungsdurchgang.

---

[9] Der Einfachheit halber ist im Folgenden meist von "Wörtern" die Rede, auch wenn "Wörter und Pseudowörter" gemeint sind. Wenn Mißverständnisse wahrscheinlich erscheinen, wird die präzisere Redeweise gewählt.

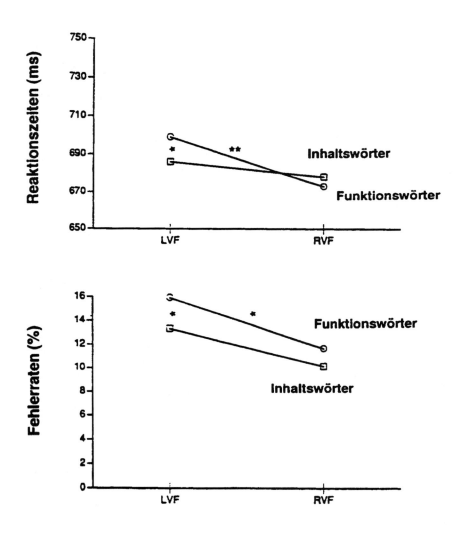

Abb. 3.1: Reaktionszeiten und Fehlerraten bei der lexikalischen Entscheidung für Funktionswörter und Inhaltswörter, die tachistoskopisch im linken oder rechten visuellen Feld (LVF bzw. RVF) dargeboten wurden. Die Sterne markieren signifikante Unterschiede (aus: Mohr et al., 1994b).

Während des gesamten Experiments war in der Mitte des Bildschirms ein Kreuz sichtbar, das die Probanden fixieren sollten. Die Wörter erschienen auf dem Bildschirm, wobei die äußeren Ränder der Wörter maximal 4 Grad vom Fixationspunkt entfernt waren. Die Stimuli wurden also in den perifovealen Bereich projiziert. Jede Wortpräsentation wurde durch einen 200 ms andauernden Warnton angekündigt. Dann erschienen die Wörter für je 100 ms. Nach 2.5 s folgte der nächste Warnstimulus. Den Probanden blieb 1.5 s Zeit für ihre Reaktion (langsamere Reaktionen wurden als falsch gewertet). Die Probanden waren angewiesen, mit beiden Zeigefingern zwei Tasten zu drücken (die mit "word" gekennzeichnet waren) und im Fall von Pseudowörtern zwei andere Tasten (die mit "non-word" gekennzeichnet waren) mit den Mittelfingern zu betätigen. Es wurde darum gebeten, die Reaktionen so schnell und so korrekt wie möglich auszuführen. Jeweils die schnellste Reaktion ging in die Analyse ein. Sowohl Fehlerraten als auch die Reaktionszeiten richtiger Antworten wurden mit mehrfaktoriellen Varianzanalysen untersucht. Geplante Post-Hoc-Vergleiche wurden mit t-Tests durchgeführt.

Ergebnisse: Bei der statistischen Analyse der *Reaktionszeiten auf Wortpräsentation* ergaben sich Unterschiede zwischen den Darbietungsmodi. Wörter führten generell zu schnelleren Reaktionen, wenn sie rechts dargeboten waren ($F(1,20) = 6.15, p = 0.02$). Die Interaktion der Faktoren Wortklasse und Visuelles Feld war annähernd signifikant ($F(1,20) = 3.21, p = 0.08$). Geplante Post-Hoc-Vergleiche zur Untersuchung dieser Interaktion ergaben einen signifikanten Unterschied zwischen Funktions- und Inhaltswörtern im linken visuellen Feld ($F(1,20) = 4.25, p = 0.05$), jedoch keinen Unterschied im rechten visuellen Feld. Es zeigten sich deutlich schnellere Reaktionszeiten nach Präsentation von Funktionswörtern im rechten visuellen Feld verglichen mit Linkspräsentation ($F(1,20) = 13.52, p = 0.001$), jedoch kein Unterschied zwischen den Darbietungsmodi für Inhaltswörter. Im Einklang mit den Reaktionszeitdaten ergab sich in der *Fehleranalyse* ein signifikanter Haupteffekt für den Faktor Visuelles Feld ($F(1,20) = 7.17, p = 0.01$. Die Interaktion der Faktoren Visuelles Feld und Wortklasse verfehlte aber das Signifikanzniveau. Lediglich ein geplanter Post-Hoc-Vergleich ergab einen signifikanten Rechtsvorteil für Funktionswörter, jedoch keinen solchen Effekt für Inhaltswörter.

Diskussion: Während auf links und rechts präsentierte Inhaltswörter ungefähr gleich schnell reagiert wurde, unterschieden sich die Reaktionszeiten für Funktionswörter zwischen den beiden Präsentationsmodi. Die Interaktion der Faktoren Wortklasse und Visuelles Feld war zwar nur annähernd signifikant, jedoch wiesen die Ergebnisse der t-Tests auf vorhandene Unterschiede hin. Sowohl bei der

Analyse der Reaktionszeiten als auch bei den Fehlerraten ergaben sich für Funktionswörter signifikante Unterschiede zwischen den beiden Darbietungsmodi, was als Indiz für einen Verarbeitungvorteil der Funktionswörter im rechten visuellen Feld gelten kann. Dieses Ergebnis wurde auch in einer Untersuchung gefunden, die von Chiarello und Nuding *(1987)* durchgeführt wurde. Dort fand sich eine signifikante Interaktion der Faktoren Wortklasse und Visuelles Feld in der Reaktionszeitanalyse ($p < 0.05$). Auch hier zeigten die Funktionswörter, nicht aber die Inhaltswörter einen signifikanten Verarbeitungsvorteil bei Rechtspräsentation. Die Ergebnisse beider Studien zusammengenommen bieten einen starken Hinweis darauf, daß Funktionswörter besser verarbeitet werden, wenn sie der linken Hemisphäre dargeboten werden. Für Inhaltswörter scheint der Links-Rechts-Unterschied weniger stark ausgeprägt zu sein. In diesem Experiment war kein derartiger Unterschied nachweisbar.

Diese Befunde bestätigen die Vorhersagen des Cell Assembly-Modells. Wenn die Assemblies der Inhaltswörter nur schwach zur linken Hemisphäre hin lateralisiert sind, so ist kein (oder ein nur geringer) Unterschied der Verarbeitung zwischen Rechts- und Linkspräsentation zu erwarten. Wenn jedoch, was mit dem Modell angenomen wird (Abschnitt 2.4), Funktionswort-Assemblies stark zur linken Hemisphäre hin lateralisiert sind, so sollte bei Rechtspräsentation dieser Stimuli eine größere Anzahl von Assembly-Neuronen getroffen und aktiviert werden als bei Linkspräsentation. Die schnellere Verarbeitung von Funktionswörtern nach Darbietung im rechten visuellen Feld und das Fehlen dieses Unterschiedes bei Inhaltswörtern stützt demnach das Cell Assembly-Modell.[10]

3.2 Lexikalische Defizite bei Wernicke-Aphasie

Fragestellung und Vorhersagen: Das Experiment, das im vorangegangenen Abschnitt dargestellt wurde, betraf die Hypothese, daß Assemblies, die Wörtern entsprechen, im Kortex zu unterschiedlichen Graden lateralisiert sind. Im Experiment, das in diesem Abschnitt vorgestellt wird, soll die Hypothese bezüglich der *Assembly-Verteilungen innerhalb einer Hemisphäre* getestet werden. Wenn die

---

[10] Weitere Ergebnisse des Experiments, das in diesem Abschnitt beschrieben wurde, sind von Mohr et al. (1994b) ausführlich dargestellt.

Cell Assemblies, die Inhaltswörtern entsprechen, in der Regel über weite Teile des Kortex verteilt sind, die der Funktionswörter jedoch innerhalb der perisylvischen Region lokalisiert sind, so sind bei Aphasie wortklassen-spezifische Ausfälle in Abhängigkeit des Läsionsortes zu erwarten. Wie im Abschnitt 2.5 bereits erwähnt, tritt Agrammatismus in der Regel nach perisylvischer Läsion auf, Anomie (oder amnestische Aphasie) jedoch in der Regel nach Läsion außerhalb des perisylvischen Bereichs der dominanten Hemisphäre. Dies kann als Evidenz für unterschiedliche kortikale Distributionen der Assemblies von Funktions- und Inhaltswörtern gewertet werden. Strittig ist allerdings, ob sich diese Wortklassen-Unterschiede außer in der Produktion auch in der Perzeption zeigen. Außerdem kann als neuropsychologische Lehrmeinung gelten, daß die Schwierigkeit bei der Produktion von Funktionswörtern in der Regel nur bei Broca-Aphasie zu beobachten sind (*Goodglass & Kaplan, 1972; Rosenbek et al., 1989*). Neuere Untersuchungen zeigen zwar, daß auch posteriore perisylvische Läsionen zu agrammatischer Sprachproduktion führen können (*Vanier & Caplan, 1990*), jedoch gibt es bisher nur wenig Hinweise darauf, daß auch ein wortklassen-spezifisches Perzeptionsdefizit bei Läsionen der Wernicke-Region vorliegen könnte. Ein Hinweis findet sich in der Arbeit von Kolk und Friederici (*1985*), die bei ihrer Gruppe der Wernicke-Aphasiker ähnliche Defizite beim Verständnis komplexer syntaktischer Konstruktionen finden wie bei ihren Broca-Aphasikern. Ein kritischer Test des Cell Assembly-Modells wäre es demnach, die Verarbeitung nach Perzeption von Funktions- und Inhaltswörtern bei Patienten mit Läsion der Wernicke-Region zu untersuchen. Bei perisylvischen Läsionen, also auch bei Läsion der Wernikke-Region, werden nach dem Cell Assembly-Modell große Teile der Funktionswort-Assemblies zerstört, jedoch nur ein kleinerer Prozentsatz der Neuronen von Inhaltswort-Assemblies. Bei Läsion in der Wernicke-Region sollte also die Verarbeitung von Funktionswörtern stärker beeinträchtigt sein, als die von Inhaltswörtern.

Methode: Zwei rechtshändige *Patienten* mit Läsionen, die primär die Wernicke-Region im linken Temporalkortex (Area 22) und Teile des Parietalkortex (Area 40) betrafen, nahmen an der Untersuchung teil. Die Läsionsorte sind in Abbildung 3.2 genau dargestellt. Bei beiden Patienten betraf die Läsion auch Gebiete außerhalb der Areae 22 und 40, jedoch ist evident, daß beide Läsionen primär den perisylvischen Bereich und nur wenig graue Substanz außerhalb dieses Gebietes betrafen. Subkortikal waren in beiden Fällen Teile das Nucleus caudatus und des Pallidum betroffen. Die Läsionen waren durch ischämischen Insult verursacht. Beide Patienten hatten Englisch als Muttersprache gelernt. Ihr Alter war zum Untersuchungszeitpunkt 68 und 69 Jahre. In der Western Aphasia Battery (*Ker-*

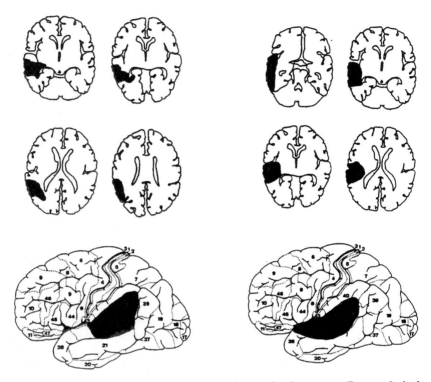

Abb. 3.2: Darstellung der Kortexläsionen der beiden Patienten (Patient I - links; Patient II - rechts). Die Läsionen betreffen vor allem den hinteren Teil des perisylvischen Gebietes.

tesz, 1982) zeigten sich bei beiden Patienten deutliche Beeinträchtigungen der Spontansprache, des Sprachverstehens, des Wiederholens, des Benennens sowie des Schreibens und Lesens.

Die Methoden dieses Experiments waren ähnlich denen des Experiments in Abschnitt 3.1. Wieder wurde eine lexikalische Entscheidungsaufgabe gestellt. Die *Stimuli* und die *Versuchsapparatur* waren dieselben wie in Abschnitt 3.1. Allerdings wurden die Stimuli 150 ms dargeboten, also 50 ms länger als bei den gesunden Probanden. Diese Verlängerung der Darbietungszeit sollte es den Patienten ermöglichen, viele korrekte Reaktionen zu erzielen. Tachistoskopische

Präsentation (also Stimulation nur eines Bereichs der Retina) ist auch bei einer Darbietungszeit von 150 ms noch gegeben, da die Reaktionszeit für gerichtete sakkadische Augenbewegungen über 150 ms liegt. Ein weiterer Unterschied zum Experiment 2.1 bestand darin, daß die Wörter und Pseudowörter immer gleichzeitig im linken und im rechten visuellen Feld gezeigt wurden. Dabei erschien also jedes Wort zweimal, gleichzeitig links und rechts. Dies geschah deshalb, weil bei Läsion in der Nähe der visuellen Kortizes die visuelle Verarbeitung der Information eines der beiden Halbfelder selektiv beeinträchtigt sein kann. Wird also ein Wort zentral (foveal) dargeboten, so besteht die Gefahr, daß die Information, die in die geschädigte Hemisphäre gelangt, unzureichend verarbeitet wird. Im Extremfall bedeutet dies den Verlust der Information über eine Worthälfte, was die Ergebnisse einer lexikalischen Entscheidungsaufgabe uninterpretierbar machen würde. Wird der Wortstimulus dagegen bilateral dargeboten, so ist garantiert, daß die Wortinformation vollständig in den Kortex gelangt. Die lexikalische Entscheidung wurde durch Tastendruck mit der linken Hand zum Ausdruck gebracht. Je eine Taste auf dem Computer-Keyboard sollte bei Wahrnehmung von Wörtern bzw. Pseudowörtern gedrückt werden. Die Aufgabe wurde durch wiederholte verbale Beschreibung und Vormachen des Versuchsleiters erklärt. Dann wurde ein Übungsdurchgang durchgeführt. Der Übungsdurchgang wurde so lange wiederholt, bis die Patienten nahezu fehlerlose Reaktionen zeigten. Die insgesamt 160 Stimuli wurden in Versuchsblöcken zu je 40 Stimuli dargeboten. Zwischen den Blöcken wurden kurze Pausen eingeschaltet. Ansonsten entsprach das Experiment genau dem in Abschnitt 3.1 dargestellten. Da nur sehr wenige Fehler gemacht wurden, wurden lediglich die Reaktionszeiten statistisch ausgewertet. Nur korrekte Reaktionen gingen in die Analysen ein. Die Reaktionszeiten für Funktions- und Inhaltswörter wurden für jeden der Patienten getrennt mit einer Varianzanalyse und mit Chi-Quadrat-Tests analysiert. Für die Chi-Quadrat-Tests wurden die Reaktionen in schnelle und langsame Reaktionen unterteilt. Als schnell wurden solche Reaktionen klassifiziert, die schneller erfolgten als der Mittelwert aller Reaktionen der zu vergleichenden Bedingungen. Entsprechend galten Reaktionen mit längeren Latenzen als die mittlere Latenz als langsam. Im Chi-Quadrat-Test wurde die Hypothese untersucht, ob für zwei Bedingungen unterschiedliche Anzahlen von schnellen bzw. langsamen Reaktionen vorlagen.
Ergebnisse: Für keinen der beiden Patienten ergab sich ein signifikanter Unterschied zwischen den Reaktionszeiten auf Funktions- und Inhaltswörter. Bei Einteilung des Wortmaterials in häufig vorkommende (hochfrequente) und weniger häufig vorkommende (niederfrequente) Wörter ergaben sich Haupteffekte für den Faktor Wortfrequenz (Patient I: $F(1,63) = 5.8$, $p = 0.01$; Patient II: $F(1,71)$

= 12.8, p = 0.01). Die Interaktion der Faktoren Wortklasse und Wortfrequenz war für beide Patienten signifikant (Patient I: F (1,63) = 4.7, p = 0.03; Patient II: F (1,71) = 4.0, p = 0.05). Während für sehr hochfrequentes Wortmaterial keine wortklassen-spezifische Unterschiede vorhanden waren (F-Werte < 1, p-Werte > 0.1), waren die Reaktionen auf weniger häufig vorkommende Wörter zwischen den Wortklassen verschieden. Bei Patient I ergab sich ein nahezu signifkanter Verarbeitungsvorteil für niederfrequente Inhaltswörter gegenüber niederfrequenten Funktionswörtern (F (1,63) = 3.6, p = 0.06) und bei Patient II war dieser Unterschied signifikant (F (1,71) = 4.6, p = 0.03), wobei auf Funktionswörter langsamer reagiert wurde. Diese Ergebnisse konnten auch mit einer nicht-parametrischen statistischen Untersuchung bestätigt werden. Bei Patient I zeigten sich annährend signifikant mehr schnelle Reaktionen auf niederfrequente Inhaltswörter im Vergleich zu Funktionswörtern (Chi^2 = 3.1, df = 1, p = 0.08). Bei Patient II war dieser Unterschied signifikant (Chi^2 = 5.3, df = 1, p = 0.02).

Diskussion: Die Voraussage, daß nach kortikalen Läsionen, die primär die Wernicke-Region betreffen, Funktionswörter generell langsamer und/oder schlechter verarbeitet werden als Inhaltswörter, konnte nicht bestätigt werden. An zwei Patienten zeigte sich lediglich, daß ein solcher Unterschied für relativ niederfrequente Funktions- und Inhaltswörter vorliegt. Die signifikanten Interaktionen der Faktoren Wortklasse und Wortfrequenz sowie die signifikanten und annähernd signifikanten Unterschiede für niederfrequentes Material, weisen darauf hin, daß verhältnismäßig niederfrequente Funktionswörter bei Läsion der Wernicke-Region langsamer verarbeitet werden als entsprechende Inhaltswörter, während für sehr hochfrequente Wörter der beiden Klassen kein Unterschied vorliegt.

Dieses Resultat zwingt zu einer Modifikation des neurobiologischen Modells. Für relativ niederfrequente Funktionswörter kann angenommen werden, daß ihnen perisylvisch lokalisierte Assemblies entsprechen, die durch Läsion der Wernicke-Region stärker beschädigt werden als Assemblies von Inhaltswörtern desselben Frequenzbereichs. Für sehr hochfrequente Funktions- und Inhaltswörter könnte dieser Unterschied der kortikalen Distribution weniger klar oder nicht vorhanden sein. Eine alternative Erklärung ergibt sich, wenn man in Betracht zieht, daß sich die funktionellen Charakteristika der Assemblies in Abhängigkeit der Wortfrequenz ändern könnten. So ist gut denkbar, daß bei einer sehr oft aktivierten Assembly, die deshalb sehr stark intern verschaltet ist, eine Läsion zu keinem meßbaren funktionellen Defizit führt. Es wäre anzunehmen, daß über mehrere Areale verteilte Assemblies, die sehr hochfrequentes Material repräsen-

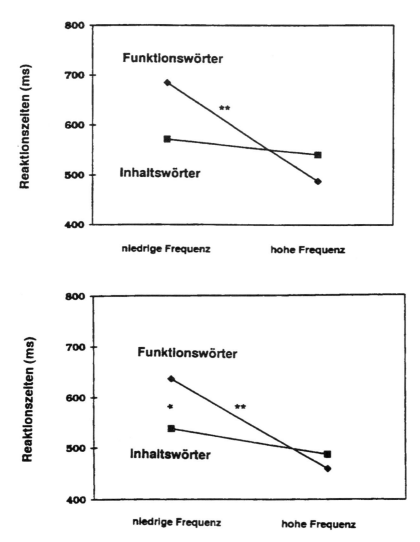

Abb. 3.3: Reaktionszeiten der beiden Wernicke-Aphasiker bei der lexikalischen Entscheidung für Funktions- und Inhaltswörter (Patient I - oben; Patient II - unten). Für sehr hochfrequente Wörter ergibt sich kein Unterschied zwischen den Wortklassen. Auf Funktionswörter mit weniger hoher Frequenz reagieren die Patienten langsamer als auf Inhaltswörter desselben Frequenzbereichs.

tieren, durch fokale Gehirnläsionen in ihrer Funktion generell nicht beeinflußt werden. Ein Indiz dafür, daß hochfrequentes Material auch nach einer fokalen Läsion noch gut verarbeitet wird, bietet auch der Vergleich zwischen den Reaktionszeiten der hier getesteten Patienten und den Reaktionszeiten von Gesunden. Mittlere Reaktionszeiten von 675 ms (niederfrequente Inhaltswörter, Patient I) und 578 ms (Patient II) sind durchaus im Bereich dessen, was auch bei gesunden Kontrollpersonen bei hochfrequentem Wortmaterial beobachtet wird (*Chiarello & Nuding, 1987; Mohr et al., 1994b*). Die Reaktionszeiten der beiden Patienten bei Verarbeitung von niederfrequenteren Funktionswörtern lag dagegen um 800 ms (Patient I: 844 ms; Patient II: 786 ms) und fiel damit deutlich ab gegenüber den üblicherweise bei Gesunden beobachteten Werten. Unter der Annahme, daß die kortikalen Repräsentanten von sehr hochfrequenten Entitäten gegen fokale Läsionen relativ unempfindlich sind, kann die Hypothese zur Lokalisation der Assemblies von Funktions- und Inhaltswörtern aufrechterhalten werden.[11]

3.3 Elektrokortikale Korrelate der Verarbeitung von Funktions- und Inhaltswörtern

Fragestellung und Vorhersagen: Wenn die neuronalen Repräsentanten der Funktions- und Inhaltswörter verschieden sind, so müssen bei Präsentation dieser Stimuli unterschiedliche Kortexareale aktiv werden. Eine Möglichkeit, die Aktivierung großer kortikaler Neuronenpopulationen zu beobachten, bietet das Elektroenzephalogramm (EEG). Allgemein wird angenommen, daß eine Negativierung im evozierten Potential (EP) auf erhöhte neuronale Aktivität in der Nähe der Ableitelektrode schließen läßt. Genauer gesagt läßt eine EP-Negativierung in der Regel auf eine Erhöhung der Anzahl exzitatorischer post-synaptischer Potentiale (EPSPs) in apikalen Dendriten von Pyramidenzellen der oberen kortikalen Schichten schließen (*Mitzdorf, 1985; Rockstroh et al., 1989; Birbaumer et al.,*

---

[11] Eine genauere Beschreibung der in diesem Abschnitt dargestellten Untersuchung findet sich in Pulvermüller et al. (1994c).

1990).[12] Generell sollte die kortikale Verteilung von Assemblies aufgrund der Negativierung des EP erschließbar sein. Eine Vorhersage des Cell Assembly-Modells wäre also, daß kurz nach der Präsentation von Inhaltswörtern eine negative EP-Komponente erscheint, die über dem gesamten Kortex sichtbar ist. Nach Präsentation von Funktionswörtern ist dagegen zu erwarten, daß die Negativierung über der linken Hemisphäre deutlich stärker ist als über der rechten, und daß sie vor allem im perisylvischen Bereich auftritt.

Methode: 15 rechtshändige und monolingual deutschsprachig aufgewachsene *Probanden* nahmen an dem Experiment teil (10 weiblich). Sie waren normalsichtig und ohne Vorgeschichte einer neurologischen Erkrankung. Kein Teilnehmer hatte linkshändige Familienangehörige. Das Durchschnittsalter betrug 24.5 Jahre. Für ihre Teilnahme erhielt jeder Proband 30 DM.

Als *Stimuli* wurden 64 deutsche Wörter und 64 gematchte Pseudowörter verwendet. Die Pseudowörter entsprachen den phonologischen und orthographischen Regeln des Deutschen. Unter den Pseudowörtern befanden sich keine häufig vorkommenden Wörter des Englischen oder Französischen. Sie waren durch Umstellung von Buchstaben innerhalb von Wörtern oder durch Vertauschung von Buchstaben zwischen Wörtern gebildet. Wörter und Pseudowörter enthielten also dieselben Buchstaben und waren exakt gleich lang. Alle Stimuli waren zweisilbig. Die Gruppe der Wörter bestand aus 32 Funktions- und 32 Inhaltswörtern, die im Hinblick auf ihre mittlere Wortfrequenz *(Ortmann, 1975)* und Wortlänge übereinstimmten.

Stimuluspräsentation und Datenaufzeichnung wurde mit einem DEC PDP 11/73-Computer durchgeführt. Die Verstärkung der EEG-Signale erfolgte mit einem Nihon Kohden-Polygraphen. Die Reaktionen der Probanden wurden über einen Kippschalter erfaßt, der durch den Zeigefinger nach links oder rechts bewegt werden konnte. Die Stimuli erschienen auf einem 19 Zoll-Video-Monitor.

Zur *EEG-Ableitung* wurde eine Elektrodenhaube mit 17 Zinn-Elektroden verwendet. Die folgenden Positionen des internationalen 10/20-Systems wurden gewählt: F3, F4, F7, F8, C3, C_z, C4, O1, O2. Um die Aktivität in den perisylvi-

---

[12] Neben diesem Generator werden andere, weniger starke Generatoren angenommen. Der Zusammenhang zwischen der Aktivität kortikaler Generatoren und den EEG-Antworten ist sehr komplex (Mitzdorf, 1991). Dennoch ist die wahrscheinlichste Ursache einer Negativierung im EEG das Auftreten vieler EPSPs in apikalen Dendriten elektrodennaher Pyramidenzellen. Für eine ausführliche Diskussion, s. Rockstroh et al. (1989), Birbaumer et al. (1990) und Lopez da Silva 81991).

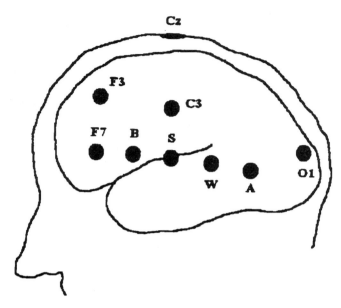

Abb. 3.4: Schematische Darstellung der Elektrodenpositionen des EEG-Experiments. Neben Standardableitorten des internationalen 10/20-Systems wurden Positionen in der Nähe der perisylvischen Regionen gewählt (B - Broca-Elektrode, S - Sylvische Elektrode, W - Wernicke-Elektrode, A - Angularis-Elektrode; aus: Pulvermüller et al., 1995a).

schen Sprachkortizes zu erfassen, wurden zusätzliche Ableitpunkte definiert. P3 und P4 wurden um ein Zehntel des Nasion-Inion-Abstands von P_z weg verschoben ("Angulare Elektroden"). T3 und T4 wurden um dieselbe Distanz in Richtung auf C_z hin verschoben (Sylvische Elektroden). Weitere Elektroden wurden plaziert zwischen F7/8 und den Sylvischen Elektroden ("Broca Elektroden") sowie zwischen den Sylvischen und den Angularen Elektroden ("Wernicke Elektroden"). Abbildung 3.4 zeigt die Elektrodenanordnung schematisch. über den perisylvischen Kortizes beider Hemisphären war also je eine Elektrodenlinie angebracht. Um Augenbewegungen zu erfassen wurden je eine Ag/AgCl-Elektrode über und unter beiden Augen angebracht. Als Referenzelektroden dienten ebenso Ag/AgCl-Elektroden, die auf den Mastoiden angebracht waren. Alle Übergangswiderstände wurden bei 5 kΩ gehalten. Alle Kanäle wurden gegen C_z

registriert und off-line auf Mastoidenreferenz umgerechnet. Als Referenz dienten also die verbundenen Mastoid-Elektroden. Die Signale wurden mit einem 0.0796-70 Hz Bandpassfilter aufgenommen. Das Sampling erfolgte mit 200 Hz. Episoden mit großen Augenartefakten (> 100 uV) wurden verworfen. Kleine Augenartefakte wurden korrigiert (*Elbert et al., 1985*). Das EEG wurde für 1.28s pro Stimuluspräsentation aufgezeichnet (256 Datenpunkte). Jede Aufzeichnung begann 0.1 s vor Stimulusbeginn und endete 1.18 s nach Stimulusbeginn.

Der *Versuchablauf* war folgendermaßen: Die Versuchpersonen wurden in einem spärlich beleuchteten Raum in einen Untersuchungssessel gesetzt. Der Zeigefinger ihrer rechten Hand lag auf dem Kippschalter, der nach rechts oder links bewegt werden konnte. Die Stimuli erschienen in der Mitte des Videomonitors, der 2.5 m von den Augen des Probanden entfernt war. Wenn keine Wörter auf dem Bildschirm sichtbar waren, so erschien ein Fixationspunkt. Die Wörter waren 2 cm hoch und maximal 10 cm lang. Die Stimuli füllten also maximal einen vertikalen Sehwinkel von 0.5 Grad und einen horizontalen von 2.3 Grad, so daß die Stimuli auf das perifoveale Gebiet projiziert wurden. Jeder Stimulus erschien für 100 ms. Der Zeitunterschied zwischen dem Beginn zweier aufeinanderfolgender Stimuli variierte zufällig zwischen 3.5 und 4.5 s. Die Stimulusabfolge war pseudo-randomisiert (max. 4 Wörter/Pseudowörter hintereinander). Die Aufgabe der Probanden war es, für jeden Stimulus so schnell und so korrekt wie möglich zu entscheiden, ob es sich um ein Wort des Deutschen handelt oder nicht (*lexikalische Entscheidung*). Diese Aufgabe wurde verwendet, um die Probanden zu veranlassen, die Stimuli aufmerksam zu verarbeiten. Das Wort/Pseudowort-Urteil wurde durch Betätigung des Schalters ausgedrückt. Die Antwortrichtungen waren zwischen den Probanden balanciert. Das Experiment konnte für kurze Zeit angehalten werden, indem der Schalter nach der Reaktion in der ausgelenkten Position belassen wurde. Die Probanden wurden gebeten, Augenbewegungen und Blinzeln so weit möglich zu unterlassen und, falls nötig, Bewegungen und Blinzeln in selbstinitiierten Pausen durchzuführen.

Für die physiologische *Datenanalyse* wurden nur solche Durchgänge herangezogen, bei denen korrekte lexikalische Urteile gefällt wurden. Für jeden Probanden, Bedingung und Elektrode wurden auf den Stimulusbeginn getriggerte Mittelungen (Averages) errechnet. Für die statistischen Analysen wurden jeweils Mittelwerte in vorher definierten Zeitfenstern verglichen. In den hier zusammengefaßten Ergebnissen wurden dreifaktorielle Varianzanalysen gerechnet, wobei die evozierten Potentiale der sechs lateralen Elektroden über beiden Hemisphären eingingen. Das Design war also: Ableitort (6 Stufen) x Hemisphäre (2 Stufen) x

Wortklasse (2 Stufen). Wenn angemessen, wurde eine Greenhouse-Geisser-Korrektur durchgeführt.
Ergebnisse: Die Fehlerraten waren sehr gering (unter 2 %). Die Reaktionen auf Inhaltswörter waren durchschnittlich etwas schneller als diejenige auf Funktionswörter (705 ms vs. 733 ms; t (14) = 2.98, p = 0.01). Die an den posterioren Elektroden abgeleiteten evozierten Potentiale hatten grob folgenden Verlauf: Ein früher negativer Gipfel (N120; Maximum bei 120 ms) wurde von einem positiven gefolgt (P230). Darauf folgte ein weiterer negativer Gipfel (N320), wieder ein positiver (P440) und schließlich eine langsame negative Welle. An den perisylvischen Elektroden (F7/8, Broca, Sylvische, Wernicke) war die Polarität des ersten Gipfels umgekehrt (P120). Auf ihn folgte ein negativer Gipfel bei ca. 160 ms (N160). Die späteren Wellen waren eine P200, eine N260, eine P400 und wieder eine langsame negative Welle.
Abbildung 3.5 zeigt die durch Funktions- und Inhaltswörter evozierten Potentiale. Während der ersten 500 ms nach Stimulusbeginn findet sich keinerlei Unterschied zwischen den Potentialverläufen, die über der linken Hemisphäre registriert wurden. Bei genauerer Betrachtung der Aufzeichnungen von der rechten Hemisphäre zeigt sich dagegen ein Unterschied schon in der frühen, nach negativ hin verlaufenden Welle. Diese N160 scheint zumindest an den perisylvischen Elektroden für Inhaltswörter stark ausgeprägt zu sein, wogegen sie bei den Funktionswörtern stark reduziert oder sogar abwesend ist. Eine statistische Analyse der Mittelwerte des Zeitfensters zwischen 140 und 180 ms ergibt eine signifikante Interaktion der Faktoren Wortklasse und Hemisphäre (F (1,14) = 10.6, p = 0.006). Abbildung 2.6 zeigt diese Interaktion. Auch der direkte Vergleich der Werte über der rechten Hemisphäre lieferte signifikante Unterschiede (t (14) = 2.39, p = 0.03). Im Zeitfenster zwischen 140 und 180 ms waren demnach die evozierten Antworten über der rechten Hemisphäre nach Inhaltswörtern negativer als nach Funktionswörtern. Der interhemisphärische Vergleich zeigte keinen Unterschied für Inhaltswörter. Dagegen war nach Präsentation von Funktionswörtern das Potential über der linken Hemisphäre negativer (weniger positiv) als das über der rechten (t (14) = 2.40, p = 0.03). Sehr ähnliche Ergebnisse wurden bei einer Analyse der Mittelwerte im Zeitfenster 140 bis 300 ms erzielt. Die Interaktion der Faktoren Wortklasse und Hemisphäre war wieder signifikant (F (1,14) = 7.7, p = 0.02), über der rechten Hemisphäre führten Funktionswörter zu weniger negativen (positiveren) Potentialen als Inhaltswörter (t (14) = 2.53, p = 0.02), und der Links-Rechts-Vergleich lieferte nur für Funktionswörter einen signifikanten Unterschied (3.3 µV vs. 5.4 µV; t (14) = 2.01, p = 0.04). Im

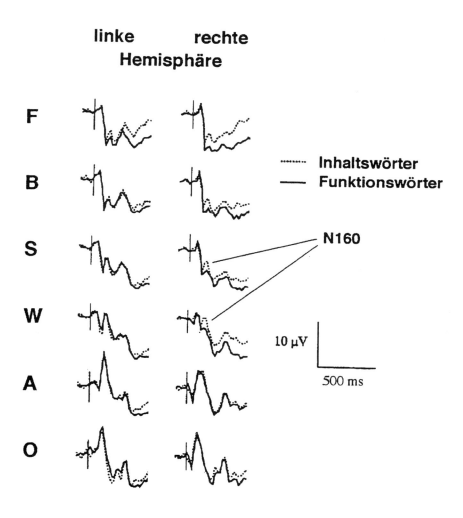

Abb. 3.5: *Potentialverläufe, die über den perisylvischen Regionen beider Hemisphären durch Präsentation von Funktions- und Inhaltswörtern evoziert wurden (Ableitpositionen, s. Abb. 3.4). Grand Averages über 15 Probanden sind dargestellt (aus: Pulvermüller et al., 1995a).*

Zeitintervall nach 400 ms evozierten Inhaltswörter über beiden Hemisphären stärkere Negativierungen als Funktionswörter (F (1,14) = 12.8, p = 0.003).

Diskussion: Die Voraussage, daß Funktionswörter über der linken Hemisphäre eine stärkere Negativierung verursachen als über der rechten, kann für eine frühe Komponente bestätigt werden. Inhaltswörter evozierten in diesem Zeitbereich eine negative Welle, die über den beiden Hemisphären ungefähr gleich stark ausgeprägt war. Dieser Unterschied kann auch in den Mittelwerten des Zeitbereiches zwischen 140 und 300 ms nach Stimulusbeginn nachgewiesen werden. Später führen Inhaltswörter dagegen zu generell größeren Negativierungen als Funktionswörter.

Der frühe Unterschied ist im Einklang mit dem Cell Assembly-Modell, das stark nach links lateralisierte Funktionswort-Assemblies, aber weniger stark lateralisierte Inhaltswort-Assemblies postuliert (s. Abschnitt 2.4). Diese Voraussage bestätigt sich in den Daten, die in Abbildung 3.6 zusammengefaßt sind. Die Interpretation des späten Unterschiedes ist schwierig, da die Vorbereitung der motorischen Reaktionen der Probanden in diesen Zeitbereich fiel. Auch diese Reaktionen waren für Inhaltswörter etwas schneller als für Funktionswörter. Die generell stärkere Negativierung nach Inhaltswörtern könnte also durch die Bewegungsvorbereitung und damit einhergehende neurale Mobilisation konfundiert sein.

Während dieses Experiment die Lateralisierungshypothese stützt, erlaubt es keine Entscheidung zur Frage, ob Wort-Assemblies zu unterschiedlichen Graden außerhalb der perisylvischen Region der linken Hemisphäre lokalisiert sind. Der Grund hierfür liegt in der zu geringen Anzahl von Elektroden, die es nicht erlaubte, weitere Kopfbereiche genau elektrophysiologisch zu "beobachten".

Diese Ergebnisse bestätigen zum Teil früher erhobene, die auf wortklassen-spezifische Unterschiede in den evozierten Potentialen hindeuteten. Van Petten und Kutas (*1991*) hatten gefunden, daß Inhaltswörter im Zeitbereich um 400 ms etwas stärkere Negativierungen verursachen als Funktionswörter. Dieser Unterschied konnte hier repliziert werden, obwohl seine Interpretation aufgrund des experimentellen Paradigmas nicht sinnvoll möglich ist. Neville et al. (*1992*) fanden einen Unterschied zwischen Inhalts- und Funktionswörtern, der nicht nur die Topographie, sondern auch die Latenz der Wort-evozierten Komponenten betraf. Diese Unterschiede in der Latenz könnten darauf zurückzuführen sein, daß die Wortstimuli der beiden Klassen in der Neville-Studie nicht im Hinblick auf ihre Wortfrequenz ausgeglichen waren, was mit einiger Sicherheit zur Auswahl viel höherfrequenter Funktionswörter geführt hat. Unterschiede der Vorkommenshäufigkeit von Wortmaterial können sich in Potentialverlauf und -latenz nieder-

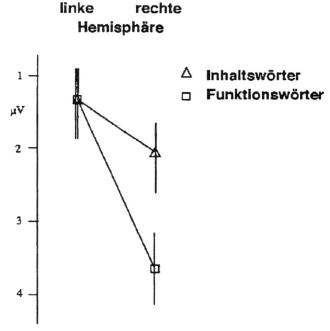

Abb. 3.6: Vergleich der mittleren Potentiale, die 140-180 ms nach Präsentation von Funktions- und Inhaltswörtern über den beiden Hemisphären evoziert wurden. Für Funktionswörter ergeben sich deutliche Links-Rechts-Unterschiede, nicht jedoch für Inhaltswörter (aus: Pulvermüller et al., 1995a).

schlagen (*Polich & Donchin, 1988; Rugg, 1990*). Dennoch zeigte sich auch in Neville's Studie eine nach links lateralisierte Potentialverschiebung, die durch Funktionswörter evoziert war, gegenüber einer links-rechts-symmetrischen für Inhaltswörter, was den hier beschriebenen Ergebnissen entspricht.[13]

---

[13] Das in diesem Abschnitt dargestellte EEG-Experiment wurde von Pulvermüller et al. (1994b) ausführlicher diskutiert.

3.4 Zusammenfassende Diskussion

In diesem Kapitel wurden drei Experimente dargestellt, mit denen spezifische Vorhersagen des Cell Assembly-Modells getestet wurden. Die Hypothese, daß Funktionswort-Assemblies stark zur linken Hemisphäre hin lateralisiert sind, Inhaltswort-Assemblies jedoch weniger starke Lateralisierung zeigen, wurde in den Experimenten 2.1 und 2.3 untersucht. Funktionswörter werden schneller verarbeitet, wenn sie im rechten visuellen Feld dargeboten werden und deshalb neuronale Aktivität zunächst in der linken Hemisphäre verursachen. Bei Linkspräsentation ist die Verarbeitung von Funktionswörtern langsamer. Ein derartiger Lateralitätsunterschied kann für Inhaltswörter nicht nachgewiesen werden. Dieser Befund wurde bereits früher erbracht (*Chiarello & Nuding, 1987*) und mit Experiment 3.1 weitgehend bestätigt.

Eine weitere Evidenzquelle für stark lateralisierte Funktionswort-Assemblies ist die Topographie der N160, die in Experiment 2.3 erstmals gefunden wurde. Die starke Ausprägung dieser Komponente über der linken Hemisphäre und ihre Abwesenheit (oder mindestens starke Reduktion) über der rechten sind ein klarer Hinweis darauf, daß die neuronale Aktivierung in der linken Hemisphäre nach Funktionswort-Präsentation stärker ist, als in der rechten Hemisphäre. Für Inhaltswörter ergibt sich dagegen kein deutlicher interhemisphärischer Unterschied der evozierten Potentiale. Sowohl die Verhaltensdaten als auch die psychophysiologischen Ergebnisse stützen demnach die Annahme stark lateralisierter Funktionswort-Assemblies und weniger stark lateralisierter Inhaltswort-Assemblies.

Die Hypothese, daß Assemblies von Funktionswörtern auf die perisylvische Region beschränkt sind, die Cell Assemblies von Inhaltswörtern sich dagegen auch über andere Kortexareale erstrecken, wurde mit Experiment 2.2 untersucht. Zwei Aphasiker mit Schädigung innerhalb des perisylvischen Kortex (vor allem der Areae 22 und 40) zeigten spezifische Defizite bei der Verarbeitung von Funktionswörtern verhältnismäßig niedriger Wortfrequenz. Diese Defizite waren in den Reaktionszeiten in der lexikalischen Entscheidungsaufgabe erfaßbar. Die Reaktionen auf frequenz-gematchte Inhaltswörter waren dagegen im Bereich der Leistungen von hirngesunden Normalpersonen. Für sehr hochfrequentes Wortmaterial zeigte sich allerdings bei diesen Patienten kein Unterschied zwischen den Verarbeitungsleistungen für die beiden Wortklassen. Dieser Befund läßt sich vielleicht dadurch erklären, daß die Assemblies, die sehr hochfrequenten Wörtern entsprechen, sehr gut intern verschaltet sind und gegen fokale Läsion deshalb weniger empfindlich sind. Die Hypothese unterschiedlicher linkshemisphärischer Distribution von Funktionswort- und Inhaltswort-Assemblies kann demnach nur mit Einschränkung durch das Experiment 2.2 bestätigt werden. Auch Experiment 2.3 konnte keine starke Evidenz hinsichtlich der Ausbreitung der Assemblies innerhalb der linken Hemisphäre liefern. Um dies zu ermöglichen, wären EEG-Untersuchungen mit größeren Zahlen von Ableitelektroden wünschenswert. Eine solche Untersuchung könnte es erlauben, auch die Aktivität der Kortexbereiche außerhalb der perisylvischen Region genauer zu registrieren. Als Ergänzung solcher EEG-Untersuchungen wären Untersuchungen mit anderen bildgebenden Verfahren (MEG, fMRI) wünschenswert.

Der Unterschied zwischen Funktions- und Inhaltswörtern könnte auf verschiedene Eigenschaften dieser Stimulusklassen zurückgehen. Wie erwähnt unterscheiden sich die beiden Wortklassen unter semantischen, syntaktischen, phonologischen und sprachgeschichtlichen Gesichtspunkten. Die Elemente der einen Klasse haben z.B. meist sehr abstrakte Bedeutung, können klitisiert (d.h. verkürzt ausgesprochen) werden und sind in ihrer Verwendung sehr konstant, wogegen die Elemente der anderen Klasse meist sehr konkrete Bedeutung haben, nicht klitisiert werden können und in ihrer Verwendung leicht veränderbar sind. Das Cell Assembly-Modell legt die Annahme nahe, daß die unterschiedlichen Versuchsergebnisse im Verhaltensexperiment und im physiologischen Experiment die semantischen Unterschiede zwischen den Wortklassen reflektieren. Inhaltswörter werden hoch korreliert mit bestimmten Umgebungsreizen verwendet, deshalb nehmen die Inhaltswort-Assemblies weit verstreute Neuronen beider Kortexhemisphären auf. Für Funktionswörter existiert keine hohe Korrelation zwischen ihrem Auftreten und Umgebungsreizen. Deshalb bleiben ihre Assemblies stark lateralisiert und auf die perisylvische Region beschränkt. Konsistent mit dieser Sichtweise zeigen sich im EEG auch leichte Lateralitätsunterschiede zwischen konkreten und abstrakten Inhaltswörtern (*Kounios & Holcomb, 1994*). Weitere Untersuchungen erscheinen sinnvoll zur Klärung der Frage, durch welche Eigenschaften der Wortklassen die physiologischen und behavioralen Unterschiede bedingt sind.

4. Wortverarbeitung als Zündung von Cell Assemblies: Wörter vs. Pseudowörter

Für Elemente, die häufig perzipiert und produziert wurden, können neuronale Repräsentationen in stark gekoppelten transkortikalen Assemblies angenommen werden, nicht jedoch für neue und ungewöhnliche Elemente, die nie perzipiert oder produziert wurden. Häufig vorkommende Wörter wie "nämlich" oder "Sonne" sollten also andere behaviorale und physiologische Reaktionen auslösen als Pseudowörter wie "mälinch" oder "ennos", die zwar in der Sprache vorkommen könnten, dort aber nicht verwendet werden. Um solche Unterschiede in der Verarbeitung nachzuweisen, wurden vier Experimente durchgeführt. In Abschnitt 4.1 wird ein Verhaltensexperiment berichtet, das Verarbeitungsunterschiede für Wörter und Pseudowörter bei unilateraler und bilateraler visuell-tachistoskopischer Präsentation untersuchte. Abschnitt 4.2 berichtet die Ergebnisse einer ähnlichen Untersuchung, die mit einem Split-Brain-Patienten durchgeführt wurde. Bei diesen Studien stand die Frage der *interhemisphärischen Interaktion* bei der Wortverarbeitung im Vordergrund. Die Abschnitte 4.3 und 4.4 fassen zwei Experimente zusammen, mit denen physiologische Unterschiede bei der Verarbeitung von Wörtern und Pseudowörtern dokumentiert werden konnten. Hier steht die Frage im Vordergrund, ob die Verarbeitung von Wörtern und Pseudowörtern zu unterschiedlicher Dynamik *hochfrequenter physiologischer Prozesse* führt. Das Kapitel schließt wieder mit einer Zusammenfassung und einer Diskussion möglicher theoretischer Schlußfolgerungen (Abschnitt 4.5).

4.1 Wort- und Pseudowort-Verarbeitung nach unilateraler und bilateraler tachistoskopischer Präsentation: der Bilateralvorteil

Fragestellung und Vorhersagen: Bei der Artikulation von Wortformen werden nicht nur Neuronen einer Hemisphäre aktiv. Zur Steuerung der Artikulationsbewegungen werden Neuronen beider Hemisphären aktiv, wie auch die Perzeption von akustischen Sprachsignalen Aktivitätsmuster in beiden auditorischen Kortizes verursacht. Wenn bei der Artikulation einer Wortform also Neuronengruppen beider Hemisphären aktiv werden, so folgt aufgrund der Hebb'schen Regel, daß diese Neuronen, wenn sie miteinander verbunden sind, ihre Verbindungen verstärken. Die Assemblies, die Wortformen entsprechen, sollten demnach über beide Hemisphären verteilt sein.

Zu der Annahme bilateral verteilter "interhemisphärischer" Assemblies passen die physiologischen Daten aus Experiment 2.3. Dort zeigte sich eine nach Negativ hin zeigende Komponente mit einer Latenz von 160 ms, die mit exakt derselben Latenz über beiden Hemisphären auftrat. Wenn diese Komponente ein Indikator für die Zündungen von Cell Assemblies ist, so kann angenommen werden, daß Neuronen dieser Assemblies über beide Hemisphären verteilt sind. Die Komponente war zwar für Funktionswörter viel stärker lateralisiert als für Inhaltswörter, doch war selbst für die Funktionswörter ein kleiner Gipfel über der rechten Hemisphäre meßbar, was die Beteiligung rechtshemisphärischer Prozesse an der Funktionswortverarbeitung zumindest nahelegt.

Wie läßt sich aber testen, ob tatsächlich interhemisphärische Assemblies an der Verarbeitung von Wörtern beteiligt sind? Eine Perspektive ergibt sich aus folgender Überlegung. Cell Assemblies sind stark intern verschaltete Netzwerke. Werden sie zweimal zur gleichen Zeit stimuliert, so muß sich die Aktivität innerhalb des Netzwerks aufsummieren und damit, aufgrund von räumlicher und zeitlicher Summation an den Neuronen der Assembly, der Zündungsprozeß besonders schnell in Gang kommen. Werden Neuronen beider Kortexhemisphären, die zu derselben Assembly gehören, gleichzeitig stimuliert, so wäre eine schnellere Zündung und eine schnellere Reaktion des Probanden vorherzusagen als bei Stimulation von Neuronen nur einer Kortexhemisphäre.

Diese Vorhersage läßt sich wieder in einem Experiment mit lateralisiert-tachistoskopischer Präsentation einzelner Wörter testen. Bietet man den Probanden Wörter entweder in einem der visuellen Halbfelder, oder aber in beiden Halbfeldern zugleich dar, so sollte die bilaterale Stimulation zu einem Verarbeitungsvorteil führen. Wird dasselbe Wort also gleichzeitig zweimal - einmal links und einmal rechts - präsentiert, so sollten Assembly-Neuronen beider Hemisphären stimuliert werden, was möglicherweise zu einer schnelleren Zündung und zu einer schnelleren Reaktion führt als nur einseitige Präsentation des Wortes. Insbesondere gilt für die nach links lateralisierten Wort-Assemblies, daß in der bilateralen Bedingung die Verarbeitung auch schneller erfolgen sollte als nach Präsentation im rechten visuellen Feld, wo zumindest Funktionswörter schneller verarbeitet werden als bei Präsentation im linken visuellen Feld.

Es sei darauf hingewiesen, daß die Vorhersage eines Verarbeitungsvorteils bei bilateraler Präsentation eine sehr starke Vorhersage darstellt, da konkurrierende

Theorien einen solchen Effekt nicht vermuten lassen. Die klassische neurologische Sprachtheorie (Wernicke-Lichtheim-Geschwind-Modell, s. Abschnitt 2.1), mit der Sitz der sprachverarbeitenden Maschinerie in der linken Hemisphäre angenommen wird, läßt vermuten, daß bilaterale Darbietung zu ähnlichen Reaktionen führt, wie Stimulation der linken Hemisphäre. In neueren Theorien, mit denen auch wortverarbeitende Prozesse in der rechten Hemisphäre postuliert werden (*Zaidel, 1976; 1983; 1985; 1990; Zaidel et al., 1990*), wird in der Regel angenommen, daß Informationsverarbeitung in einer Hemisphäre zur Hemmung der kontralateralen Hemisphäre führt. Diese Theorien legen die Annahme nahe, daß bilaterale Stimuluspräsentation zu schlechterer Informationsverarbeitung führt, als unilaterale, weil interhemisphärische Hemmprozesse in Gang gesetzt werden. Schließlich wird in weiteren Theorien angenommen (*Hellige, 1987; Hellige et al., 1988; Hellige & Michimata, 1989; Hellige et al., 1989*), daß zwar Parallelverarbeitung in beiden Hemisphären stattfinden kann, daß jedoch der Verarbeitungsmodus immer von einer der Hemisphären diktiert wird ("Metakontrolle"). Eine solche Theorie läßt zwar prinzipiell die Möglichkeit zu, daß sich gleichzeitig ablaufende Prozesse in beiden Hemisphären gegenseitig ergänzen und es deshalb bei bilateraler Präsentation zu besserer Verarbeitung kommt als bei unilateraler, jedoch macht eine Theorie der Metakontrolle keine klaren Vorhersagen, ob im Fall der Wortverarbeitung interhemisphärische Kooperations- oder Hemmprozesse überwiegen. Der einzige Ansatz, der einen Verarbeitungsvorteil bei bilateraler Präsentation von Wortmaterial vorhersagt, ist demnach das Cell Assembly-Modell.

Methode: Das Experiment bestand wieder in einer lexikalischen Entscheidungsaufgabe bei lateralisiert-tachistoskopischer Präsentation von Wortstimuli. Dieses Verfahren wurde bereits ausführlich in Abschnitt 3.1 erläutert. Nachfolgend wird die Methodik nur soweit beschrieben, wie sie nicht schon in Abschnitt 3.1 spezifiziert wurde.

21 rechtshändige *Probanden* (9 weiblich) nahmen am Experiment teil. Das Durchschnittsalter war 20.9 Jahre. Alle Teilnehmer hatten Englisch als Muttersprache erworben und vor dem Alter von 10 Jahren keine Zweitsprache erlernt.

Als *Stimulusmaterial* dienten dieselben 80 Wörter und 80 Pseudowörter wie in Experiment 2.1. Auch die *Versuchsapparatur* war dieselbe wie in Experiment 2.1.

Der *Versuchsablauf* bestand aus 480 Stimuluspräsentationen, wobei jedes Wort einmal im rechten und einmal im linken visuellen Feld erschien sowie einmal in der bilateralen Bedingung. In der bilateralen Bedingung erschien dasselbe Wort gleichzeitig zweimal, je einmal in einem der beiden visuellen Halbfelder. Die

Stimulusabfolge war randomisiert. Die Testungen, die jeweils etwa 35 Minuten dauerten, waren in drei Teile gegliedert mit je einer kurzen Pause zwischen den Teilen. Die Testungen begannen wieder nach einem Übungsdurchgang. Während des gesamten Experiments war in der Mitte des Bildschirms ein Kreuz sichtbar, das die Probanden fixieren sollten. Die Orte, an denen die Stimuli auf dem Bildschirm erschienen, entsprachen denen in Experiment 2.1. Die Stimuli wurden also in den perifovealen Bereich projiziert. Jede Wortpräsentation wurde durch einen 200 ms andauernden Warnton angkündigt. Dann erschienen die Stimuli für je 100 ms. Nach 2.5 s folgte der nächste Warnstimulus. Den Probanden blieb 1.5 s Zeit für ihre Reaktion (langsamere Reaktionen wurden als falsch gewertet). Wie in Experiment 2.1 waren sie angewiesen, mit beiden Zeigefingern zwei Tasten zu drücken und im Fall von Pseudowörtern zwei andere Tasten mit den Mittelfingern zu betätigen. Es wurde darum gebeten, die Reaktionen so schnell und so korrekt wie möglich auszuführen. Jeweils die schnellste Reaktion ging in die Analyse ein. Sowohl Fehlerraten als auch die Reaktionszeiten richtiger Antworten wurden mit mehrfaktoriellen Varianzanalysen untersucht. Geplante Post-Hoc-Vergleiche wurden wieder mit t-Tests durchgeführt.

Ergebnisse: Bei der statistischen Analyse der *Reaktionszeiten* ergaben sich Unterschiede zwischen den Stimuli. Wörter führten zu schnelleren Reaktionen als Pseudowörter ($F(1,58) = 52.91$, $p < 0.0001$). Auch der Präsentationsmodus, d.h. der Ort, an dem die Stimuli erschienen, beeinflußte die Reaktionszeiten ($F(1,57) = 13.38$, $p < 0.0001$), wobei bilaterale Präsentation zu den schnellsten Reaktionen führte. Die Faktoren Stimulustyp (Wort vs. Pseudowort) und Präsentationsmodus (links vs. rechts vs. bilateral) interagierten signifikant ($F(2,57) = 9.52$, $p < 0.0001$). Geplante Post-Hoc-Vergleiche ergaben für alle Präsentationsmodi schnellere Reaktionen auf Wörter im Vergleich zu Pseudowörtern (links: $F(1,58) = 11.47$, $p = 0.001$; rechts: $F(1,58) = 22.53$, $p < 0.0001$; bilateral: $F(1,58) = 75.77$, $p < 0.0001$). Die Reaktionszeiten auf Wörter unterschieden sich zwischen allen Präsentationsmodi. Rechtspräsentation von Wörtern führte zu schnelleren Reaktionen als Linkspräsentation ($F(1,58) = 3.74$, $p = 0.05$). Bilaterale Präsentation führte zu schnelleren Reaktionen als Linkspräsentation ($F(1,58) = 32.18$, $p < 0.0001$), aber auch zu schnelleren Antworten im Vergleich zu Rechtspräsentation ($F(1,58) = 24.35$, $p < 0.0001$). Für Pseudowörter ergaben sich keinerlei Unterschiede zwischen den Präsentationsbedingungen.

In der Analyse der *Fehlerdaten* ergab sich ein sehr ähnliches Bild. Die Faktoren Stimulustyp erzielten wieder einen signifikanten Haupteffekt ($F(1,58) = 16.83$, $p < 0.0001$), wobei Fehler nach Pseudowörtern häufiger auftraten. Auch der Faktor Präsentationsmodus lieferte einen klaren Haupteffekt ($F(1,57) = 8.97$, p

< 0.0001), wobei Fehler am seltensten in der bilateralen Bedingung auftraten. Schließlich war auch die Interaktion der Faktoren Stimulustyp und Präsentationsmodus wieder hochsignifikant (F (2,57) = 11.97, p < 0.0001). Die Fehlerraten für Wörter waren bei Präsentation rechts und bilateral geringer als diejenigen für Pseudowörter. Die Fehlerraten auf Wörter unterschieden sich wieder zwischen allen drei Bedingungen. Rechtspräsentation führte zu niedrigeren Fehlerraten als Linkspräsentation (F (1,58) = 10.33, p = 0.002). Bilaterale Präsentation verursachte weniger Fehler als Linkspräsentation (F (1,58) = 58.80, p < 0.0001), aber auch bessere Leistungen im Vergleich zur Darbietung im rechten visuellen Feld (F (1,58) = 23.57, p < 0.0001). Abbildung 4.1 faßt diese Ergebnisse zusammen.

Es sei darauf hingewiesen, daß der Verarbeitungsvorteil bei bilateraler Präsentation sowohl für Funktions- als auch für Inhaltswörter auftrat. Der Vergleich der bilateralen Bedingung mit der Rechtspräsentation ergab aber für Inhaltswörter etwas größere Unterschiede als für Funktionswörter. Auch in diesem Experiment führte der Vergleich der Reaktionen auf Rechts- und Linkspräsentation für Funktionswörter zu einem signifikanten Unterschied im Post-Hoc-Vergleich, nicht jedoch für Inhaltswörter. Dieses Ergebnis entspricht dem in Abschnitt 3.1 berichteten.

Diskussion: Voraussagegemäß führte bilaterale Präsentation von Wörtern zu einem Verarbeitungsvorteil, der sich in signifikanten Interaktionen in den Analysen von Reaktionszeiten und Fehlerraten niederschlug. Bilaterale Wortdarbietung führt also zu schnelleren und weniger fehlerhaften Reaktionen als nur unilaterale Darbietung. Insbesondere ist auch die Stimulation der sprachdominanten linken Hemisphäre (Rechtspräsentation) nicht so effektiv, wie zweiseitige Stimulation. Dieser Verarbeitungsvorteil bei bilateraler Präsentation im Vergleich zu Rechtspräsentation wird *Bilateralvorteil* genannt. Die Verarbeitung von Pseudowörtern ist weitgehend unabhängig vom Darbietungsmodus. Bilaterale Präsentation von Pseudowörtern führt zu Reaktionszeiten und Fehlerraten, die sich nicht signifikant von denen bei unilateraler Präsentation unterscheiden.

Ein möglicher Einwand gegen eine Interpretation dieses Ergebnisses betrifft die Strategien, die die Probanden bei der durchgeführten Aufgabe verfolgt haben könnten. So könnte behauptet werden, daß der bilaterale Modus nur deshalb zu besseren Reaktionen führte, weil sich der Proband bei jedem Durchgang auf einen der beiden Darbietungsorte konzentrierte. Im Fall der unilateralen Präsentation ergäbe sich dann in fünfzig Prozent der Fälle, daß sie für den nachfolgenden Stimulus den falschen Ort gewählt hat, wogegen bei bilateraler Präsentation immer an einem der gewählten Orte ein Stimulus erscheinen müßte. Eine Extremform dieses Arguments legt sogar die Vermutung nahe, daß die Probanden

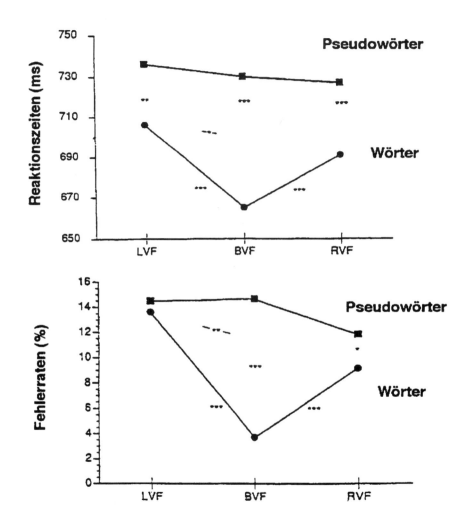

Abb. 4.1: *Reaktionszeiten und Fehlerraten bei der lexikalischen Entscheidung für Funktionswörter und Inhaltswörter, die tachistoskopisch im linken oder rechten visuellen Feld (LVF bzw. RVF), oder aber bilateral in beiden visuellen Feldern (BVF) dargeboten wurden. Die Sterne markieren signifikante Unterschiede (aus: Mohr et al., 1994b).*

vor der Stimuluspräsentation immer nach rechts oder links geschaut haben. Letzteres läßt sich empirisch falsifizieren: Die Blickbewegungen wurden während des gesamten Experiments überwacht. Links- oder Rechtsbewegungen fanden nicht statt. Das Argument, daß möglicherweise die Aufmerksamkeit nach links oder rechts gerichtet wurde, läßt sich ebenso entkräften. Diese Strategie würde zu der Voraussage führen, daß alle Reaktionen bei bilateraler Präsentation besser werden sollten. Nun verbesserten sich aber lediglich die Reaktionen auf Wörter, nicht jedoch diejenigen auf Pseudowörter. Es erscheint also unwahrscheinlich, daß ein Aufmerksamkeitseffekt die Ursache für den Bilateralvorteil ist.

Das Ergebnis eines wortspezifischen Bilateralvorteils legt die Annahme nahe, daß bei der Wortverarbeitung interhemisphärische Summationsprozesse stattfinden, die bei der Verarbeitung von Pseudowörtern fehlen. Das Cell Assembly-Modell bietet die Erklärung an, daß diese Summationsprozesse innerhalb von Cell Assemblies stattfinden, deren Neuronen über beide Hemisphären verteilt sind (interhemisphärische Assemblies).

Das Fehlen eines Bilateralvorteils bei Pseudowörtern ist auch mit dem Cell Assembly-Modell verträglich. Wenn Pseudowörter keine ihnen entsprechenden Assemblies haben, so fehlt das neuronale Substrat für interhemisphärische Summationsprozesse. Eine alternative Erklärung für die Abwesentheit des Bilateralvorteils bei Pseudowörtern ergibt sich aber, wenn man annimmt, daß das Pseudowort-Urteil vom Probanden dann gefällt wird, wenn er nach Ablauf einer bestimmten Auszeit (engl.: *deadline*) noch kein Wort erkannt hat. Dieses "Deadline-Modell" könnte ebenso erklären, warum Reaktionen auf Pseudowörter von der Darbietungweise weitgehend unabhängig sind.[14]

4.2 Abwesenheit des Bilateralvorteils beim Split-Brain-Syndrom

Fragestellung und Vorhersagen: Im Rahmen des Cell Assembly-Modells muß angenommen werden, daß der Bilateralvorteil durch Verbindungen zwischen den

---

[14] Das in diesem Abschnitt beschriebene Experiment wurde von Mohr et al. (1994b) ausführlicher dargestellt.

Hemisphären vermittelt wird. Aus der Neuroanatomie und Neurophysiologie ist bekannt, daß die pyramidalen Projektionen, die durch den Corpus callosum ziehen und die beiden Hemisphären miteinander verbinden, exzitatorisch sind (*Braitenberg & Schüz, 1991*). Die positiven Kopplungen innerhalb einer Assembly, die das neuronale Substrat für den Bilateralvorteil bilden, dürften durch transkallosale Verbindungen zustande kommen. Aus dieser Annahme ergibt sich eine klare empirische Vorhersage: Der Bilateralvorteil sollte bei Durchtrennung der Verbindungen zwischen den Hemisphären nicht mehr vorhanden sein. Bei sogenannten Split-Brain-Patienten, bei denen alle direkten Verbindungen zwischen den Kortexhälften durchtrennt wurden (*Kommissurotomie*), sollte also bilaterale Präsentation von Wörtern zu Reaktionen führen, die nicht schneller sind als diejenigen nach unilateraler Darbietung im rechten visuellen Feld.

Methode: Ein *Patient* mit vollständiger Kommissurotomie nahm an einem Experiment teil, das weitgehend identisch war mit dem in Abschnitt 4.1 beschriebenen. Der Patient L.B. weist eine vielfach dokumentierte vollständige Durchtrennung des Balkens und der vorderen Kommissur auf (*Bogen et al., 1988*). Seine weiteren neurologischen Funktionsstörungen und Schädigungen sind außerdem im Vergleich zu anderen Split-Brain-Patienten minimal (*Zaidel et al., 1990*). Dieser Patient erweist sich deshalb für das geplante Experiment als ideal.

Das *Stimulusmaterial* sowie die *Versuchsapparatur* entsprach den in den Experimenten 2.1 und 3.1 verwendeten (s. ausführliche Beschreibung in Abschnitt 3.1). Mit dem Patienten wurde an drei Tagen jeweils ein Experiment ausgeführt. Zwischen den Experimenten lagen mehrere Wochen. Jedes der drei Experimente bestand, wie Experiment 3.1, aus 480 Stimuluspräsentationen, wobei die 80 Wörter und 80 Pseudowörter jeweils einmal im linken visuellen Feld, einmal im rechten visuellen Feld und einmal gleichzeitig bilateral in beiden visuellen Halbfeldern gezeigt wurden. Die Stimuli wurden wieder in den perifovealen Bereich projiziert (s. Abschnitt 3.1). Die Stimulusabfolge war wieder randomisiert. Dem Patienten wurde ausgiebig Zeit zum Einüben der Aufgabe gegeben. Ein Trainingsblock wurde so lange durchgeführt, bis L.B. keinen Fehler in zwanzig Durchgängen machte. Das Experiment war in 12 Blöcke zu je 40 Stimuli geteilt mit je einer kurzen Pause zwischen den Blöcken. Um dem Patienten die Möglichkeit zu geben, viele korrekte Reaktionen zu erzielen, wurde die Darbietungszeit im Vergleich zu den gesunden Probanden um 50 ms verlängert. Dem 200 ms andauernden Warnton folgte also jeweils eine Stimuluspräsentation von 150 ms. Wie schon in Abschnitt 2.2 betont, ist auch bei dieser Darbietungszeit die Stimuluspräsentation noch tachistoskopisch, da die Augenbewegungen eine Latenz von über 150 ms haben. Nach einem Inter-Stimulus-Intervall von 2.5 s folgte dann der nächste Warnton. Nur Reaktionen innerhalb eines Zeitintervalls von 1.5s nach Stimulusende wurden gewertet (langsamere Reaktionen galten als falsch). L.B. wurde gebeten, seine Reaktionen jeweils mit einer Hand so schnell und so fehlerfrei wie möglich auszuführen. Worturteile wurden mit dem Zeigefinger, Pseudoworturteile mit dem Mittelfinger ausgeführt. In der Hälfte der Blöcke reagierte L.B. mit der linken Hand, in der anderen Hälfte der Blöcke mit der rechten. Der unimanuelle Reaktionsmodus wurde gewählt, um die Aufgabe einfach zu halten. Wie sich in anderen Experimenten gezeigt hat, sind für L.B. bimanuelle Reaktionen besonders schwierig. Für jeden Präsentationsmodus (links, rechts, bilateral) ergaben sich also Reaktionen mit der linken und rechten Hand. Wie aus der Hemisphärenforschung bekannt, ist die Interpretation von "kontralateralen" Reaktionen problematisch *(Zaidel et al., 1990)*. Wird auf einen rechts dargebotenen Reiz mit der linken Hand reagiert (oder auf einen links dargebotenen mit der rechten), so muß der motorische Befehl von der stimulierten Hemisphäre zur ipsilateralen Hand übermittelt werden. Wie dies im "Split-Brain" vor sich geht, ist weitgehend ungeklärt. Jedenfalls sind die Leistungen von Split-Brain-Patienten bei "kontralateralen" Aufgaben viel schlechter als bei ipsilateralen, wenn sie auch häufig weit über dem Zufallsniveau liegen. Da die Interpretation der kontralateralen Reaktionen problematisch ist, gingen diese Reaktionen nicht in die Auswertung ein. Ausgewertet wurden also lediglich die "ipsilateralen" Bedingungen (rechtes visuelles Feld - rechte Hand; linkes visuelles Feld - linke Hand) sowie alle Reaktionen auf bilaterale Präsentation. Alle weiteren Details des experimentellen Settings entsprachen denen der Experimente 2.1 und 3.1.

In der *Datenauswertung* wurden die Ergebnisse der drei Experimente in einer Varianzanalyse gepoolt. Es ergab sich folgendes Design: Präsentationsmodus (unilateral/bilateral) x Reaktionshand (links/rechts) x Sitzung (erste, zweite, dritte) x Stimulustyp (Wort/Pseudowort). Geplante Post-Hoc-Vergleiche wurden mit t-Tests durchgeführt. Da die Anzahl der Post-Hoc-Vergleiche hoch war, wurden die Signifikanzniveaus Bonferoni-adjustiert.

Ergebnisse: Da die Anzahl der Fehler in diesem Experiment zu gering war, um eine sinnvolle Auswertung zu ermöglichen (< 2 %), wurden nur die *Reaktionszeiten* statistisch analysiert. Für alle vier Faktoren ergaben sich signifikante Haupteffekte. Die Reaktionen mit der rechten Hand waren schneller als die mit der linken ($F(1,703) = 28.58$, $p < 0.0001$), bei bilateraler Präsentation wurde insgesamt schneller reagiert als bei unilateraler ($F(1,703) = 9.89$, $p = 0.002$), die Reaktionszeiten unterschieden sich zwischen den Sitzungen ($F(2,703) = 3.9$, $p =$

0.02), und Wörter führten zu schnelleren Antworten als Pseudowörter (F (1,703) = 100.17, p < 0.0001). Der Faktor Sitzung interagierte nicht mit den anderen Faktoren. Die Faktoren Präsentationsmodus und Stimulustyp interagierten miteinander (F (1,703) = 3.99, p = 0.02), allerdings wurde auch die Dreifachinteraktion Reaktionshand x Präsentationsmodus x Stimulustyp klar signifikant (F (1,703) = 10.83, p = 0.001).

Bonferoni-korrigierte Post-Hoc-Vergleiche zur genaueren Analyse dieser komplexen Interaktion ergaben folgendes: Die Reaktionen der rechten Hand auf Wörter waren in der unilateralen Bedingung nicht signifikant verschieden von denen in der bilateralen Bedingung (F-Wert < 1). Es gibt also keinen Hinweis, daß Rechtspräsentation zu besseren Reaktionen führte als bilaterale Stimulation. Die Reaktionen der linken Hand waren in der bilateralen Bedingung schneller als in der unilateralen, also bei Präsentation im linken visuellen Feld (F (1.703) = 17.55, p < 0.0001). In allen Bedingungen waren die Reaktionen auf Wörter schneller als auf Pseudowörter (alle F-Werte > 7, p-Werte < 0.001). Rechts dargebotene Wörter führten zu schnelleren Reaktionen als links dargebotene (Rechtsvorteil für Wörter). Für Pseudowörter ergab sich kein signifikanter Rechtsvorteil. Es war zwar eine Tendenz zu beobachten, daß Pseudowörter in der bilateralen Bedingung mit der rechten Hand zu schnelleren Reaktionen führten als bei unilateraler Darbietung auf der rechten Seite, jedoch überstand dieser scheinbare Effekt die Bonferoni-Korrektur nicht (F (1,703) = 5.85, p = 0.02, bei adjustiertem p = 0.004, n.s.). Reaktionen der rechten Hand auf bilateral präsentierte Pseudowörter waren außerdem generell schneller als die entsprechenden Reaktionen der linken Hand.

Diskussion: Die Reaktionen, die der Split-Brain-Patient L.B. mit der rechten Hand ausführte, waren bei Wortpräsentation im rechten visuellen Feld und bei bilateraler Wortpräsentation nicht verschieden. Es konnte bei L.B. also im Gegensatz zu Hirngesunden kein Bilateralvorteil nachgewiesen werden. Weitere typische Reaktionsmuster fanden sich allerdings beim Split-Brain-Patienten wie bei den gesunden Probanden von Experiment 3.1. So führten Wörter durchgängig zu schnelleren Reaktionen als Pseudowörter. Wörter im rechten visuellen Feld lösten schnellere Reaktionen aus, als im linken Halbfeld dargebotene. Dieser Rechtsvorteil kann nicht allein durch die Tatsache bedingt sein, daß die Reaktionen auf Rechtspräsentation mit der (beim Rechtshänder L.B.) schnelleren rechten Hand ausgeführt wurden, da der Rechtsvorteil für Pseudowörter fehlte. Schließlich ergab sich auch kein reliabler Unterschied zwischen den Verarbeitungszeiten für Pseudowörter bei Darbietung im rechten visuellen Feld und bilateral. Wie bei Hirngesunden ist der Bilateralvorteil für Pseudowörter nicht vorhanden. Dieses

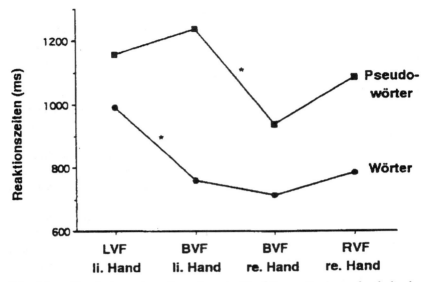

Abb. 4.2: Ergebnisse eines Experiments (Reaktionszeiten) zur lexikalischen Entscheidung, das mit dem Split-Brain-Patienten L.B. durchgeführt wurde. Wörter und Pseudowörter wurden entweder im rechten oder linken visuellen Feld (RVF, LVF) oder bilateral (BVF) dargeboten. Die Reaktionen erfolgten entweder mit der linken oder mit der rechten Hand. Bei Reaktionen mit der rechten Hand führte bilaterale Präsentation zu keinem Verarbeitungsvorteil gegenüber Rechtspräsentation. Die Sterne markieren signifikante Unterschiede (aus: Mohr et al., 1994a).

Muster von Ergebnissen (schnellere Wortverarbeitung, wortspezifischer Rechtsvorteil, Abwesenheit des Bilateralvorteils bei Pseudowörtern) zeigt eine gute Übereinstimmung zwischen den an L.B. erhobenen Daten und denen von Normalpersonen. Der wichtige Unterschied in den Reaktionsmustern ist die Abwesenheit des wortspezifischen Bilateralvorteils beim Split-Brain-Patienten.
Weiter erwähnenswert sind folgende Unterschiede. L.B.'s Reaktionen mit der linken Hand waren in der bilateralen Bedingung schneller als bei unilateraler Präsentation links. Um dies zu erklären, muß angenommen werden, daß die der linken Hemisphäre zur Verfügung stehende Information zu einer Beschleunigung der Reaktionen der linken Hand führen kann. Hier gibt es grundsätzlich zwei

Ansätze. Einmal kann ein subkallosaler Informationstransfer von der linken zur rechten Hemisphäre angenommen werden, andererseits kann postuliert werden, daß in einem Patienten mit Kommissurotomie jede Hemisphäre "ipsilaterale Kontrolle" ausübt, daß sie also auch Bewegungen der ipsilateralen Körperseite steuern kann (*Zaidel et al., 1990*). Welche dieser Erklärungsmöglichkeiten zutrifft, kann hier nicht entschieden werden. Allerdings muß festgehalten werden, daß redundante Information in der linken Hemisphäre die Reaktionen bei rechtshirniger Verarbeitung beschleunigt, wogegen redundante Information in der rechten Hemisphäre die Reaktionen bei der sehr schnellen linkshemisphärischen Verarbeitung nicht verbessert. Schließlich ist noch auf den signifikanten Unterschied zwischen den Reaktionen auf bilaterale Präsentation von Pseudowörtern hinzuweisen. Hier wurde mit der rechten Hand schneller reagiert als mit der linken. Eine Erklärung dieses Befundes ist schwierig. Er kann jedoch zum Teil auf die verhältnismäßig hohen Fehlerraten bei rechtshändigen Reaktionen auf bilaterale Pseudowortstimuli zurückgeführt werden. Aufgrund dieser Fehler ergeben sich die Reaktionszeiten aus einer verhältnismäßig kleinen Stichprobe, so daß zufällige Schwankungen mit größerer Wahrscheinlichkeit aufgetreten sein können. Dieser Effekt sollte deshalb nicht weiter interpretiert werden.
Die Abwesenheit des Bilateralvorteils beim Split-Brain-Patienten stützt die Annahme, daß der wortspezifische Bilateralvorteil bei gesunden Probanden durch erregende transkallosale Verbindungen zustandekommt. Es ist also anzunehmen, daß der Bilateralvorteil auf die *Kooperation* der Hemisphären zurückgeht, die über das Corpus callosum vermittelt wird. Diese Ergebnisse falsifizieren Theorien der interhemisphärischen Interaktion, die Unabhängigkeit der Hemisphären bei der Wortverarbeitung oder interhemisphärische Hemmprozesse annehmen. Die Ergebnisse stehen im Einklang mit der Ansicht, daß interhemisphärische Cell Assemblies mit exzitatorischen transkallosalen Verbindungen das neuronale Substrat der Wortverarbeitung bilden. Bei gesunden Personen führen diese transkallosalen Verbindungen nach bilateraler Stimulation mit identischen Wörtern zu räumlicher Summation in vielen Assembly-Neuronen, was schnellere Reaktionen und damit den Bilateralvorteil verursacht. Bei Kommissurotomie kann die Summation von Erregung aus der linken und rechten Hemisphäre nicht stattfinden, da die interhemisphärischen Verbindungen unterbrochen sind.[15]

---

[15] Das in diesem Abschnitt beschriebene Experiment wurde von Mohr et al. (1994a) ausführlicher dargestellt.

4.3 Wort- und Pseudowort-Verarbeitung im EEG: Differentielle Gamma-Band-Aktivität

Fragestellung und Vorhersagen: Auch mit physiologischen Mitteln sollte sich ein Unterschied zwischen der Aktivierung einer Cell Assembly (Zündung) und dem Ausbleiben einer Zündung nachweisen lassen. Für Wörter einer Sprache, die der Proband kennt, kann angenommen werden, daß im Gehirn der Person Repräsentationen vorhanden sind, die den Wörtern entsprechen. Nach dem hier favorisierten neurobiologischen Modell sind diese Repräsentationen stark intern verknüpfte Cell Assemblies, die sich beim Spracherwerb als Folge der gemeinsamen Aktivierung von Neuronen bilden. Für Pseudowörter sollten solche Repräsentationen nicht existieren, da Pseudowörter nie (oder nur ausgesprochen selten) perzipiert und produziert wurden. Wird demnach einem Probanden ein Wort dargeboten, so sollte dies zur Zündung einer Cell Assembly führen. Im Fall der Darbietung eines Pseudowortes sollte die Zündung dagegen ausbleiben. Im Fall der Pseudowort-Präsentation kann angenommen werden, daß mehrere Cell Assemblies teilweise aktiviert werden. Im Fall der Wahrnehmung des Pseudowortes "mälinch" könnten z.B. die Assemblies von Wörtern wie "männlich", "nämlich" und "ähnlich" teilweise aktiviert werden. Abstrakter ausgedrückt wird ein Wort einer kortikalen Repräsentation zugeordnet, ein ungewöhnliches Element jedoch nicht. Dies schließt natürlich nicht aus, daß auch nach Wahrnehmung eines Pseudowortes über dessen mögliche Bedeutung nachgedacht wird. Jedoch kann dies erst geschehen, nachdem klar ist, daß das perzipierte Element keiner bereits gespeicherten Repräsentation entspricht. Der zuerst stattfindende Prozeß ist also im Fall der Wörter die Zuordnung einer gespeicherten Repräsentation (Zündung einer Cell Assembly) und im Fall der Pseudowörter das Ausbleiben des lexikalischen Zugriffs (keine Zündung).

Enthält eine Cell Assembly kreisförmige Verbindungen, so erscheint wahrscheinlich, daß ihre Zündung zum Kreisen von neuronaler Aktivität innerhalb der Assembly führt. Dies bedeutet periodische Aktivierung großer Neuronenpopulationen. Solche periodischen Vorgänge könnten, wenn sie im Vergleich zur Hintergrundaktivität genügend stark sind, an der Schädeloberfläche meßbar sein. Periodische Aktivierung vieler Neuronen würde dann die im EEG meßbare Leistung in einem (oder mehreren) Frequenzbereichen erhöhen. Vorauszusagen wäre also, daß sich die *spektralen Antworten* für Wörter und Pseudowörter unterscheiden. Auf Wörter sollten stärkere spektrale Antworten folgen als auf Pseudowörter, da nur nach Wortpräsentation eine Cell Assembly zündet.

Viele der kortiko-kortikalen Verbindungen leiten ihre Signale so schnell, daß sie ein Aktionspotential innerhalb von 10 ms von der linken zur rechten Hemisphäre oder von der Broca- in die Wernicke-Region übermitteln *(Lines et al., 1984; Saron & Davidson, 1989; Aboitiz et al., 1992)*. Kreist Erregung in Assemblies, die über derartig schnell leitende Fasern verschaltet sind, so kann angenommen werden, daß der Kreisungsvorgang sehr schnell - etwa im Bereich von 10-50 ms - abläuft. In diesem Fall sind Veränderungen der spektralen Antworten bei Cell Assembly-Zündung vor allem in hohen Frequenzbändern zu suchen, vorzugsweise im Bereich des *Gamma-Bandes*, also oberhalb von 20 Hz. Es ergibt sich also eine einfache Voraussage: Spektrale Antworten des Gamma-Bandes sollten auf Wortpräsentation stärker sein als auf Darbietung von Pseudowörtern. Diese Voraussage wurde mit einem EEG-Experiment überprüft.

Methode: Die Methoden dieses Experiments entsprachen weitgehend denen des EEG-Experiments, das in Abschnitt 3.3 beschrieben wurde. Die Methodik wird hier nur insofern beschrieben, als sie nicht bereits in diesem Abschnitt beschrieben wurde.

Wieder wurde eine lexikalische Entscheidungsaufgabe durchgeführt. 15 rechtshändige *Probanden* ohne linkshändige Angehörige nahmen an der Untersuchung teil. Ihre Muttersprache war Deutsch und sie hatten vor dem zehnten Lebensjahr keine Zweitsprache erworben. Das Alter der Probanden lag zwischen 20 und 28 Jahren (Durchschnittsalter 24.5 Jahre). Alle Teilnehmer waren normalsichtig und ohne Vorgeschichte einer Gehirnverletzung oder neurologischen Erkrankung. Jeder Proband erhielt 30 DM für seine Teilnahme.

Als *Stimulusmaterial* dienten 64 zweisilbige Wörter und 64 Pseudowörter, die durch Umstellung und Vertauschung von Buchstaben aus den Wörtern gewonnen waren. Die Pseudowörter entsprachen den phonologischen und orthographischen Regeln des Deutschen. Geläufige englische oder französische Wörter waren nicht als Pseudowörter zugelassen.

Die *Versuchsapparatur* und *EEG-Ableitung* entsprachen den in Abschnitt 3.3 beschriebenen.

Auch der *Versuchablauf* entsprach dem von Experiment 2.3. Wieder wurden die Stimuli in den perifovealen Bereich projiziert. Die Reaktionen sollten so schnell wie möglich mit dem Zeigefinger der rechten Hand ausgeführt werden, wobei der Schalter nach links bzw. rechts gedrückt werden mußte (balanciert für Wort- und Pseudoworturteile).

Für die physiologische *Datenanalyse* wurden nur solche Durchgänge herangezogen, bei denen korrekte lexikalische Urteile gefällt wurden. Für jede Stimuluspräsentation wurde das Roh-EEG-Signal zunächst einer komplexen Vorverarbeitung unterzogen, die aus 1. Stromquellendichte-Bestimmung, 2. Filterung und 3. Mittelung bestand. Für die *Stromquellendichte-Bestimmung* wurden die Daten von allen 17 Ableitelektroden benützt. Zunächst wurden alle Ableitpunkte auf eine Kugel projiziert, die einer "Standard-Kopfform" nahe kam. Die Raumkoordinaten für die Elektroden wurden berechnet auf der Grundlage der Raumkoordinaten für das 10/20-System, die Lagerlund und Mitarbeiter (*1994*) bestimmt haben. Die Potentialverteilungen auf der Kugel wurden unter Verwendung von "Spherical Splines" berechnet (*Perrin et al., 1987*). Die Interpolation zwischen benachbarten Projektionen der Ableitpunkte ergab sich aus dem Winkel zwischen den Ableitpunkten und der gewichteten Summe von Legendre-Polynomen. Dann wurden zweidimensionale Laplacefunktionen berechnet und die Stromdichten für die 17 Ableitorte bestimmt. Die Stromquellendichte-Bestimmung wurde für jeden Zeitpunkt jedes einzelnen Durchgangs vorgenommen. Im Vergleich zur Analyse des Roh-EEGs hat die Stromquellendichte-Bestimmung zwei entscheidende Vorteile. Erstens erlaubt diese Methode eine Aktivitätsbestimmung unabhängig von einer Referenz, und zweitens erhöht diese Methode den Beitrag lokaler Gehirnaktivität zum Signal, wogegen sie den Beitrag globaler Aktivität minimiert (*Hjorth, 1975; Law et al., 1993*). Dies ergibt sich daraus, daß bei der Stromquellendichte-Bestimmung die Potentialverteilungsfunktion zweimal nach dem Ort abgeleitet wird. Es sei darauf hingewiesen, daß bei Verwendung des Roh-EEGs unklar wäre, ob eine Veränderung der spektralen Leistung an der kritischen oder an der Referenzelektrode verursacht wurde.

Nach der Stromquellendichte-Bestimmung wurden die Signale *gefiltert*. Dafür wurde eine Fourier-Analyse (fast Fourier analysis, FFT) durchgeführt. Der Amplitudenteil wurde mit vier sinusförmigen Fenstern multipliziert. Diese Fenster wurden folgendermaßen gewählt: 10-20 Hz, 25-35 Hz, 35-45 Hz und 55-65 Hz. Dann wurde das gefilterte Signal jeweils mit einer inversen FFT ermittelt und durch Berechnung der Wurzel des Quadrats jedes Wertes "gleichgerichtet". Diese Werte, die die spektrale Leistung in den drei Bändern angeben, wurden dann normalisiert, also durch den jeweiligen Baseline-Wert geteilt. Die normalisierten Werte wurden logarithmiert, um die Verteilung der Werte einer Normalverteilung anzunähern. Dann wurde für jeden Probanden und für jede Bedingung und Elektrode über die Durchgänge gemittelt. Alle statistischen Analysen wurden mit diesen gemittelten logarithmierten normalisierten Werten spektraler Leistung durchgeführt.

In die *statistischen Analysen* gingen nur die Werte von den 2 x 6 lateralen Elektrodenlinien ein (s. Abbildung 3.4). Die Analyse erfolgte für die Mittelwerte der normalisierten spektralen Leistung in einem Zeitfenster um 400 ms nach

Stimulusbeginn (320-520 ms). Die Varianzanalysen hatten das Design Elektrode (Nr. 1 - 6) x Hemisphäre (links/rechts) x Stimulustyp (Wort/Pseudowort). Wenn notwendig, so wurde eine Greenhouse-Geisser-Korrektur durchgeführt. Für Post-Hoc-Vergleiche wurden wieder *t*-Tests herangezogen.

Ergebnisse: In Abbildung 4.3 sind die spektralen Leistungen in drei untersuchten Bändern als Funktion der Zeit aufgetragen. Wiedergegeben sind die Mittelwerte der Daten, die an den sechs Elektroden über der linken bzw. rechten Kopfseite gemessen wurden. Diese Mittelwertbildung war zulässig, weil der Faktor Elektrode bei keiner der statistischen Analysen mit einem der anderen Faktoren interagierte. Ein deutlicher Unterschied zwischen den spektralen Antworten auf Wörter und Pseudowörter zeigte sich nur über der linken Hemisphäre im Bereich zwischen 25 und 35 Hz (s. Diagramm links oben). Der Unterschied war um 400ms besonders deutlich. Statistische Analysen der gemittelten Werte im Zeitfenster zwischen 320 und 520 ms erbrachten folgende Ergebnisse (s. Abbildung 4.4): Im 25-35 Hz-Band war die Interaktion der Faktoren Hemisphäre und Stimulustyp signifikant ($F (1,14) = 8.4$, $p = 0.01$). Die spektrale Leistung nach Pseudowörtern war signifikant erniedrigt im Vergleich zu Wörtern ($t (14) = 3.07$, $p = 0.008$). Auch der Unterschied zwischen Pseudowort-Antworten über den beiden Hemisphären war unterschiedlich ($t (14) = 3.16$, $p = 0.007$). Im Bereich zwischen 35 und 45 Hz ergab sich ein signifikanter Haupteffekt, der durch generell erhöhte spektrale Leistung über der rechten Hemisphäre verursacht wurde ($F (1,14) = 8.0$, $p = 0.01$). Im höchsten untersuchten Frequenzband zwischen 55 und 65 Hz ergaben sich keine signifikanten Unterschiede. Ebenso keine signifikanten Effekte oder Interaktionen des Faktors Stimulustyp ergaben sich bei der Analyse des niederen Frequenzbereichs (10-20 Hz).

Diskussion: über der linken Kortexhemisphäre lösten Wörter und Pseudowörter ca. 400 ms nach Stimulusbeginn unterschiedliche spektrale Antworten im Bereich von 25 bis 35 Hz aus. Pseudowortpräsentation führte zu einem Absinken der spektralen Leistung gegenüber der Baseline. über der rechten Hemisphäre zeigte sich eine generelle Erhöhung der Aktivität im Bereich um 40 Hz.

Daß diese Effekte durch Muskelartefakte im EEG ausgelöst wurden, ist unwahrscheinlich. Muskelaktivität verursacht spektrale Antworten, die mit steigender Frequenz kontinuierlich stärker werden *(Cacioppo et al., 1990)*. Die maximale Leistung des Elektromyogramms liegt meist um 80-100 Hz. Wenn also Muskelaktivität einen Effekt verursacht, so muß er in einem hohen Frequenzband am eindeutigsten sichtbar sein. Da aber im Bereich um 60 Hz keine signifikanten Unterschiede auftraten, können die Effekte, die um 30 und 40 Hz gemessen wurden, nicht durch Muskelaktivität verursacht sein.

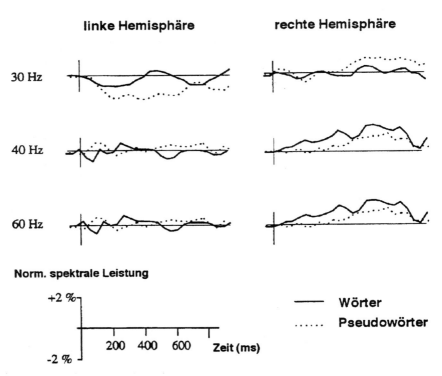

Abb. 4.3: Normalisierte spektrale Antworten im EEG evoziert durch visuelle Präsentation von Wörtern und Pseudowörtern (Grand Averages, 15 Probanden). Die spektrale Leistung in drei Frequenzbändern (25-35 Hz, 35-45 Hz, 55-65 Hz), die über den perisylvischen Kortizes der beiden Hemisphären gemessen wurde, ist gegen die Zeit aufgetragen (aus: Lutzenberger et al., 1994).

Der generelle Anstieg der spektralen Leistung über der rechten Hemisphäre könnte mit der Vorbereitung der motorischen Reaktion zusammenhängen, die ja immer mit dem linken Zeigefinger ausgeführt wurde. Bewegungen der linken Körperseite werden primär durch Neuronen des rechten Kortex gesteuert. Neuere Untersuchungen zeigen, daß besonders während der Vorbereitung von komplexen Bewegungen im motorischen Kortex schnelle periodische Signale meßbar sind (*Murthy & Fetz, 1992; Pfurtscheller & Neuper, 1992; Kristeva-Feige et al.,*

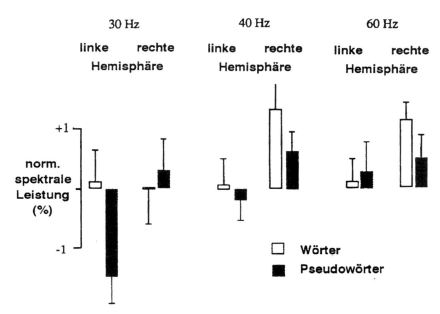

Abb. 4.4: Vergleich der spektralen Leistung im Zeitintervall 320-520 ms nach Stimulusbeginn. Nur im 30 Hz-Band über der linken Hemisphäre ergibt sich eine spektrale Antwort, die zwischen Wörtern und Pseudowörtern unterscheidet (aus: Lutzenberger et al., 1994).

1993; Murthy et al., 1994). Der Anstieg der 40 Hz-Aktivität könnte also ein Indiz dafür sein, daß eine Zellpopulation in der rechten Hemisphäre aktiviert wurde, die dann die Fingerbewegung steuerte. Der Abfall der Aktivität um 30 Hz nach Pseudowörtern kann nur als Folge des Unterschiedes zwischen Wörtern und Pseudowörtern erklärt werden. Da diese Stimuli physikalisch gleich komplex waren und sich nur im Hinblick auf ihre Geläufigkeit und ihren Bedeutungsgehalt unterschieden, erscheint es sinnvoll, diese Variablen bei der Erklärung zu berücksichtigen. Nicht geläufige und für die Probanden bedeutungslose Stimuli führen zu einem Absinken der 30 Hz-Antworten des Gamma-Bandes. Eine neurobiologische Erklärung wird möglich, wenn man annimmt, daß die kortikale Verarbeitung bedeutungsvoller Information in koordiniert schwingenden Zellpopulationen abläuft (*von der Malsburg, 1986;*

Eckhorn et al., 1988; Engel et al., 1992; Singer, 1994; Singer & Gray 1995; Singer 1995). Nach Pseudowort-Präsentation bleibt die Zündung einer solchen Cell Assembly aus. Deshalb ist die spektrale Leistung im Gamma-Band gering. Diese Erklärung eröffnet aber die Frage, warum die 30 Hz-Antworten nicht nach Wörtern ansteigen, anstatt nach Pseudowörtern abzufallen. Eine Möglichkeit besteht darin, daß bereits in der Baseline verhältnismäßig starke Gamma-Band-Aktivität vorhanden ist. Der Baseline-Zustand des Gehirns, so könnte man annehmen, ist eine kontinuierliche Abfolge von Gedanken, die sich in einer ununterbrochenen Sequenz von Assembly-Zündungen niederschlägt. Nur wenn dem Gehirn ein bedeutungsloses und unbekanntes Element dargeboten wird, das nicht mit gespeicherten Repräsentationen in Zusammenhang gebracht werden kann, so bleibt die Zündung aus, was dann zu vergleichsweise geringer Gamma-Band-Aktivität führt.[16]

4.4 Wort- und Pseudowort-Verarbeitung im MEG: Bestätigung der Befunde zur differentiellen Gamma-Band-Aktivität

Fragestellung und Vorhersagen: Ein möglicher Einwand gegen die in Abschnitt 3.3 berichteten Befunde ist methodischer Art. Es könnte sein, daß die erzielten Ergebnisse auf Spezifika des experimentellen Designs, der EEG-Registrierung oder der sehr komplexen Auswertungsmethode zurückzuführen sind. Es erscheint deshalb wünschenswert, eine Untersuchung der spektralen Antworten auf Wörter und Pseudowörter in einem weiteren Experiment durchzuführen. In einem solchen Experiment könnte sowohl das experimentelle Design, als auch die Registriermethode und das Auswertungsverfahren verändert werden. Es wurden deshalb physiologische Reaktionen auf Wörter und Pseudowörter mit dem Magnetoenzephalogramm (MEG) erfaßt. Statt deutschen Wörtern wurden englische verwandt. Die Stimulusdarbietung erfolgte akustisch (im Vorexperiment war sie

---

[16] Das in diesem Abschnitt beschriebene Experiment wurde von Lutzenberger et al. (1994) ausführlicher dargestellt.

visuell). Statt einer lexikalischen Entscheidungsaufgabe wurde eine Gedächtnisaufgabe gestellt. Schließlich wurde auch die Methode der Auswertung spektraler Antworten verändert. Die Voraussage für das Experiment war dieselbe wie für Experiment 3.3: Für Wörter wurde mehr spektrale Leistung im Gamma-Band erwartet als für Pseudowörter.

Methode: Fünf rechtshändige *Probanden* ohne linkshändige nächste Verwandte nahmen an dem Experiment teil. Alle hatten Englisch als Erstsprache erlernt und keine Zweitsprache vor dem zehnten Lebensjahr erworben. Das Alter der Probanden lag zwischen 24 und 44 Jahren (Durchschnittsalter 31.2 Jahre). Alle Teilnehmer waren normalsichtig und ohne Vorgeschichte einer Gehirnverletzung oder neurologischen Erkrankung. Die Teilnahme erfolgte auf freiwilliger Basis.

Als *Stimulusmaterial* dienten 30 einsilbige englische Wörter und 30 englische Pseudowörter, die durch Umstellung und Vertauschung von Buchstaben aus den Wörtern gewonnen waren. Die Pseudowörter entsprachen den phonologischen und orthographischen Regeln des Englischen.

Die *Versuchsapparatur* zur Stimuluspräsentation und Datenaufzeichnung bestand aus einem DAT-Rekorder, einem metallfreien Kopfhörer, einer SUN Workstation und einem 2 x 37 Kanal Biomagnetometer der Firma Biomagnetic Technologies Inc., San Diego, CA.

Die *Registrierung biomagnetischer Signale* wurde über jeder Hemisphäre mit 37 SQUIDs (supraconducting quantum interference devices) durchgeführt, die auf einer kreisförmigen Fläche mit einem Druchmesser von 14.4 cm angeordnet waren. Ein Positionsanzeigesystem bestimmte die Lage der Sensoren relativ zum Kopf des Probanden und stellte sicher, daß während des Versuchs keine Kopfbewegungen stattfanden. Die Signale wurden zwischen 0.1 und 149 Hz bandpassgefiltert und mit einer Sampling-Rate von 298 Hz digitalisiert. Signale mit großen Amplituden (> 2500 fT) wurden verworfen, weil sie mit großer Wahrscheinlichkeit auf Muskelartefakte zurückgehen.

Der *Versuchsablauf* bestand aus vier Blöcken. In jedem der Blöcke wurden die 60 Stimuli in pseudo-randomisierter Abfolge dargeboten (maximal 4 einer Kategorie direkt hintereinander). Die Probanden wurden gebeten, sich die Stimuli zu merken. Nach den Blöcken zwei und vier erfolgte je eine Abfrage, bei der die Probanden in einer Liste von zwölf Wörtern und Pseudowörtern diejenigen sechs Items heraussuchen sollten, die im Experiment vorgekommen waren. Alle Probanden lagen bei jeder der Abfragen über dem Zufallsniveau. Die Stimuli waren von einer ausgebildeten Sprecherin auf DAT-Rekorder gesprochen worden. Von dort wurden sie über Kopfhörer binaural dargeboten. Die Dauer der einzelnen

Stimuli war im Durchschnitt 0.3 s. Die Stimuli folgten mit 1.5 bis 2.5 s Verzögerung aufeinander.
Die *Datenanalyse* konzentrierte sich auf die Auswertung der spektralen Antworten. Zunächst wurden aber evozierte magnetische Antworten errechnet, indem für jeden Kanal, jeden Probanden und jede Bedingung (Wort/Pseudowort) eine mittlere biomagnetische Antwort errechnet wurde. Diese evozierten magnetischen Antworten wurden zur Bestimmung der Kanäle mit den größten Signalen herangezogen. Die spektralen Antworten wurden nur für Kanäle ausgewertet, an denen große evozierte magnetische Antworten gemessen wurden. Signalstarke Kanäle wurden gewählt, um ein gutes Signal-Rausch-Verhältnis zu erhalten. Für die Auswertung wurden über dem Frontalkortex jeder Hemisphäre die drei signalstärksten Kanäle ausgewählt.

Die Analyse der evozierten spektralen Antworten erfolgte mit einer Methode, die Makeig *(1993)* entwickelt hat. Jedes artefaktfreie Signal wurde zunächst in überlappende Fenster von je 0.32 s Länge zerlegt (96 Datenpunkte). Benachbarte Fenster überlappten zu ca. 60 Prozent (0.2 s). Da eine 0.6 s Baseline aufgezeichnet wurde und bis 1.2 s nach Stimulusbeginn gemessen wurde, ergaben sich 16 überlappende Zeitfenster. Für jedes der Fenster wurden dann für 9.3 Hz breite Bänder Power-Spektren errechnet. Die einzelnen Werte wurden dann auf die Durchschnittswerte der 0.6 s Baseline normiert. Diese normalisierten spektralen Antworten wurden dann gemittelt. In die statistische Auswertung gingen für jeden Probanden Daten von den drei signalstärksten anterioren Kanälen ein. In einer Varianzanalyse wurden die minimalen spektralen Leistungen in einem Zeitbereich 0.1 ms bis 0.7 s nach Stimulusbeginn verglichen. Das statistische Design war Frequenz (6 Bänder) x Hemisphäre x Stimulustyp x Kanal. Weitere Analysen (Hemisphäre x Stimulustyp x Kanal) wurde für einzelne Frequenzbereiche (z.B. um 30 Hz) gerechnet. Greenhouse-Geisser-Korrekturen der Freiheitsgrade wurden durchgeführt, wenn dies angemessen war. Multiple *t*-Tests wurden für Post-Hoc-Vergleiche verwendet.

Ergebnisse: Abbildungen 4.5 und 4.6 zeigen die evozierten spektralen Antworten von zwei Probanden. In die Diagramme gingen jeweils Daten vom signalstärksten anterioren Kanal ein. Während sich nach Wortpräsentation keine dramatische Veränderung zeigt, kommt es nach Darbietung von Pseudowörtern zu einem Einbruch der spektralen Leistung um 30 Hz. Dieser Einbruch findet über der linken Hemisphäre statt, jedoch nicht über der rechten. Er zeigt sich bei beiden Probanden. In einer statistischen Analyse der Daten von den drei signalstärksten anterioren Kanälen aller Probanden ergab sich eine signifikante Interaktion der Faktoren Frequenz, Hemisphäre und Stimulustyp (F (5,20) = 5.09, GG = 0.49, p

Neurobiologie der Sprache 89

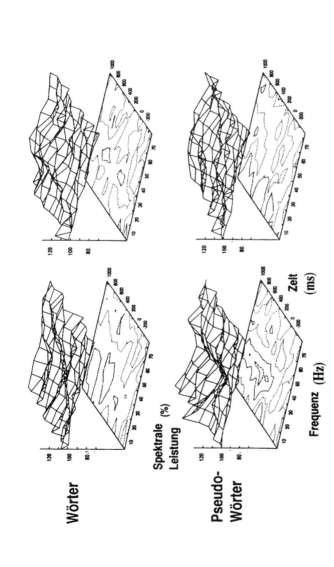

Abb. 4.5: Normalisierte spektrale Antworten im MEG evoziert durch akustische Präsentation von Wörtern und Pseudowörtern (Daten von einem Probanden). Für die linke und die rechte Hemisphäre sind jeweils Daten von demjenigen Sensor über dem präfrontalen Kortex dargestellt, der die stärksten biomagnetischen Signale lieferte. Zu beachten ist der linkshemisphärische Einbruch der spektralen Leistung im 30 Hz-Bereich nach Präsentation von Pseudowörtern (aus: Pulvermüller et al. 1996a).

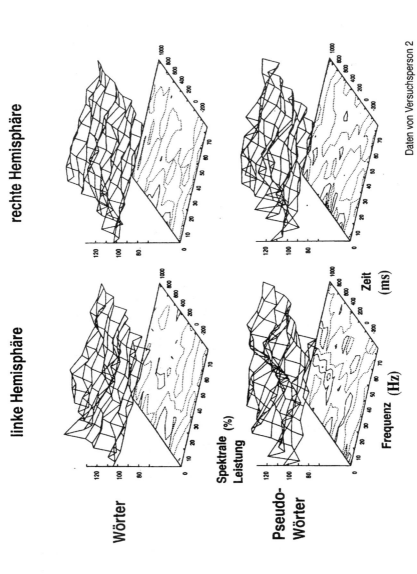

Abb. 4.6: *Normalisierte spektrale Antworten im MEG evoziert durch akustische Präsentation von Wörtern und Pseudowörtern. Daten eines zweiten Probanden. (Erklärung, s. Abb. 4.5)*

= 0.02). Da Post-Hoc-Tests auf signifikante Unterschiede im 30 Hz-Bereich hinwiesen, wurde eine Analyse der Daten aus diesem Frequenzbereich durchgeführt, die eine Interaktion der Faktoren Hemisphäre und Stimulustyp zeigte (F (1,4) = 12.3, p = 0.02). Post-Hoc-Vergleiche ergaben, daß die 30 Hz-Antworten auf Pseudowörter über der linken Hemisphäre niedriger waren als über der rechten (t (4) = 4.32, p = 0.01) und auch geringer waren als die linkshemisphärischen Antworten auf Wörter (t (4) = 3.81, p = 0.01). Abbildung 4.7 veranschau-

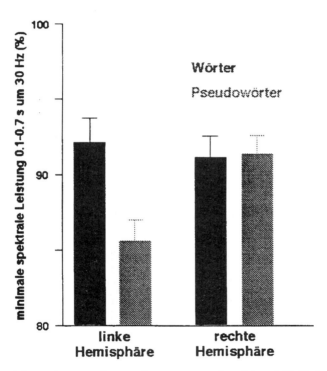

Abb. 4.7: Minimale normalisierte Leistung zwischen 24 und 33 Hz im Intervall 0.1 - 0.7 s nach Stimulusbeginn gemittelt über alle Probanden. Die über den beiden Hemisphären nach Wort- und Pseudowort-Präsentation gemessenen Werte und die Standardfehler sind dargestellt. Über der linken Hemisphäre führt Pseudowort-Präsentation zu stärkerem Absinken der spektralen Leistung als Präsentation von Wörtern.

licht die signifikante Interaktion im Frequenzbereich 24-33 Hz. Es sei darauf hingewiesen, daß bei allen Probanden über der linken Hemisphäre stärkere 30 Hz Antworten auf Wörtern als auf Pseudowörter gemessen wurden. Eine ähnliche Interaktion ergab sich im Frequenzband 15-24 Hz. Für keines der anderen Frequenzbänder ergab sich ein Unterschied zwischen den Stimulustypen oder eine Interaktion dieser Variablen.

Diskussion: Differentielle Gamma-Band-Aktivität nach Wörtern und Pseudowörtern konnte an fünf Probanden im MEG nachgewiesen werden. Dies bestätigt den im EEG-Experiment erbrachten Befund. Während die im EEG gemessene Leistung im Gamma-Band nur wenige Prozent der Baselinewerte ausmachte, senkte sich die spektrale Leistung der biomagnetischen Signale um bis zu 20 Prozent ab. Das MEG scheint demnach für die Erfassung differentieller Gamma-Band-Antworten sensibler zu sein als das EEG. Es sei aber darauf hingewiesen, daß auch Eigenschaften des Versuchsaufbaus, der zwischen Experiment 3.3 und 3.4 verändert wurde, mit der Veränderung der Differenz der Gamma-Band-Antworten zu tun haben könnten. Obwohl Faktoren wie die Sprache, der die Stimuli entnommen waren (Englisch vs. Deutsch), die Modalität, in der sie dargeboten wurden (akustisch vs. visuell), die kognitive Aufgabe (Gedächtnisaufgabe vs. lexikalische Entscheidung), die Methode der Signalregistrierung (MEG vs. EEG) sowie die Datenanalyse zwischen den Experimenten 3.3 und 3.4 verändert wurden, zeigte sich in beiden Experimenten dasselbe Hauptergebnis: Präsentation von Wörtern führte zu vergleichsweise starken Antworten im Bereich von 30 Hz, wogegen Pseudowörtern ein Absinken der spektralen Leistung im Bereich von 30 Hz über der linken sprachdominanten Hemisphäre folgte.

Einschränkend muß betont werden, daß in diesem Experiment nur eine kleine Population von Probanden getestet werden konnte. Die Ergebnisse der MEG-Studie sollten deshalb durch weitere Untersuchungen erhärtet werden. Dennoch können die Daten dieser Untersuchung zusammen mit denen des EEG-Experiments (Abschnitt 4.3) als starke Evidenz für linkshemisphärische differentielle Gamma-Band-Aktivität nach Präsentation von Wörtern und Pseudowörtern gewertet werden.

Nimmt man an, daß Zündungen von Cell Assemblies auch in der Baseline stattfinden, so kann die Gamma-Depression als Folge der mißlungenen Zündung nach Pseudowort-Präsentation interpretiert werden (s. Abschnitte 4.3 und 4.5). Präsentation eines Wortes aktiviert die ihm entsprechende kortikale Assembly. Die Zündung führt zum Kreisen von Erregung in dem stark verschalteten Netzwerk, was als anhaltende Gamma-Band-Aktivität im MEG oder EEG sichtbar wird. Die Darbietung von Pseudowörtern löst unkoordinierte neuronale Aktivität in mehreren Assemblies aus. Da nach Präsentation von Pseudowörtern keine Assembly zündet, sinkt die Leistung im hochfrequenten Bereich ab.[17]

4.5 Zusammenfassende Diskussion

Bilaterale Stimulation mit zwei Kopien desselben Wortes im linken und rechten visuellen Feld führt bei gesunden Probanden zu schnellerer Wortverarbeitung als unilaterale Darbietung. Dieser *Bilateralvorteil* ist beim Split-Brain-Patienten L.B. nicht zu beobachten. Bei Verarbeitung von Pseudowörtern kann kein Bilateralvorteil nachgewiesen werden. Dieses Ergebnismuster der Verhaltensexperimente war durch das Cell Assembly-Modell vorhergesagt. Wenn Wörter in beiden visuellen Halbfeldern dargeboten werden, so wird ihre kortikale Repräsentation, die sich über beide Hemisphären erstreckt, zweimal gleichzeitig stimuliert. Die durch Zweifachstimulation verursachte neuronale Erregung summiert sich innerhalb der interhemisphärischen Assembly auf, was zu beschleunigter Zündung dieses Netzwerks führt. Die Annahme beschleunigter Zündung der Assemblies aufgrund von Erregungssummation bei zweifacher Stimulation bietet eine einfache Erklärungsmöglichkeit für die schnelleren Reaktionen der Probanden bei bilateraler Präsentation identischer Wortstimuli im Vergleich zur Einfachstimulation. Nach diesem Modell fehlt der Bilateralvorteil bei Pseudowörtern, weil diese Stimuli keine Entsprechungen in Form stark gekoppelter Assemblies haben und deshalb bei Pseudowort-Präsentation keine Möglichkeit für effektive interhemisphärische Summation besteht. Das Modell erklärt außerdem, warum der wortspezifische Bilateralvorteil beim Split-Brain-Patienten nicht auftritt. Nach Commissurotomie sind die transkallosalen Fasern zerstört, die für ein Aufsummieren von Erregung in den Assembly-Teilen der linken und rechten Hemisphäre notwendig sind (*Mohr et al., 1994a; 1994b*).
Diese Verhaltensdaten sind demnach mit dem Cell Assembly-Modell konsistent. Es bleibt zu fragen, ob die Befunde auch von konkurrierenden Theorien der interhemisphärischen Interaktion erklärt werden können. Eine Theorie, die interhemisphärische Inhibition annimmt, sagt verlangsamte Reaktionen bei bilateraler

---

[17] Das in diesem Abschnitt beschriebene Experiment wurde von Pulvermüller et al. (1994a; 1994d; 1996a) ausführlicher dargestellt.

Präsentation voraus und wird daher durch das Auftreten des Bilateralvorteils falsifiziert. Eine Theorie, die annimmt, daß die Hemisphären unabhängige Prozessoren sind, die miteinander konkurrieren (*Zaidel, 1989*), kann nicht erklären, daß der Bilateralvorteil bei Gesunden auftritt, beim Split-Brain-Patienten jedoch fehlt. Nur wenn positive interhemisphärische Interaktion bei der Wortverarbeitung angenommen wird, so kann der Bilateralvorteil und sein Ausbleiben bei Kommissurotomie erklärt werden. Der einzige Ansatz, der positive interhemisphärische Interaktion bei der Wortverarbeitung postuliert, ist das Cell Assembly-Modell. Theorien der "Metakontrolle" wonach die Hemisphären je nach Aufgabe unter der Führung (Metakontrolle) einer Hemisphäre zusammenarbeiten können (*Hellige, 1987; Hellige & Michimata, 1989; Hellige et al., 1991*), machen keine klaren Voraussagen für den Fall gleichzeitiger bilateraler Stimulation mit lexikalischem Material. Solche Theorien der Metakontrolle sind im Prinzip mit jedem experimentellen Ergebnis bei bilateraler Präsentation verträglich. Es ist deshalb fraglich, ob sie falsifizierbar sind. Jedenfalls bleibt festzuhalten, daß eine Theorie der Metakontrolle im Falle der Wortverarbeitung Kooperation der Hemisphären (und nicht Kontrolle durch nur eine Hemisphäre) annehmen muß. Während der Cell Assembly-Ansatz die hier diskutierten Verhaltensdaten korrekt vorhersagen konnte, bedürfen konkurrierende Theorien zumindest einer Post-Hoc-Modifikation, um mit diesen Befunden kompatibel zu werden.

Auch im psychophysiologischen Experiment konnten Vorhersagen des Cell Assembly-Modells bestätigt werden. Wenn nach Wortpräsentation eine Assembly zündet, so ist vermehrte schnell und koordiniert zirkulierende Neuronenaktivität zu erwarten. In zwei Experimenten konnte gezeigt werden, daß die spektrale Leistung im Gamma-Band (um 30 Hz) größer ist, wenn Wörter verarbeitet werden, und abfällt, wenn Pseudowörter wahrgenommen wurden. Wörter führten allerdings nicht zu einer Erhöhung der Gamma-Band-Antworten im Vergleich zur Baseline. Dies kann aber erklärt werden, wenn angenommen wird, daß auch in der Baseline Assembly-Zündungen stattfinden. Nach Wortdarbietung bleibt demnach das Baseline-Niveau erhalten, wogegen die Zündungen nach Pseudowort-Präsentation ausbleiben. Nach dem Cell Assembly-Ansatz führt die Wahrnehmung eines Pseudowortes nicht zu einer Assembly-Zündung, sondern zu unkoordinierter Aktivität in schwach gekoppelten Neuronen, was die im EEG und MEG erfaßbare Gamma-Band-Antwort reduziert. Wenn man demnach annimmt, daß der Nullzustand des wachen Gehirns kontinuierliches Denken oder Assoziieren ist, was sich in einer Folge von Assembly-Zündungen manifestiert, so wird erklärbar, daß bei Präsentation eines sehr ungewöhnlichen Stimulus die Gedankenkette unterbrochen wird, d.h. für eine kurze Zeitspanne keine Assembly zündet. Auf der psychologischen Ebene läßt sich die Zündung von wortspezifischen Assemblies als lexikalischer Zugriff und semantische Verarbeitung der Wörter interpretieren. Die Zündung einer stark intern gekoppelten Assembly entspricht, so könnte man vermuten, einem Prozeß, der sowohl als lexikalischer als auch als semantischer beschrieben werden kann. Nimmt man das Hebb'sche Modell ernst, so ist anzunehmen, daß die Repräsentation einer Wortform und die der entsprechenden Wortbedeutung aufgrund korrelierter Aktivierung stark gekoppelt sind. Es kann demnach eine nahezu gleichzeitige Aktivierung (Zündung) des komplexen Netzwerks angenommen werden, statt einer sequentiellen Verarbeitung von Wortform und -bedeutung. Die psychologischen Vorgänge nach Pseudowort-Präsentation wären folgendermaßen zu spezifizieren: Der Stimulus führt zu einem Suchprozeß im mentalen Speicher, der aber nicht zu einer Zuordnung (matching) einer gespeicherten Repräsentation führt, also erfolglos bleibt. Man kann annehmen, daß die lexikalische Suche nach Pseudowort-Präsentation sogar intensiver ist, als nach Präsentation von Wörtern. Im Fall der Wörter dürfte der Suchprozeß nach erfolgreicher Zuordnung abgeschlossen werden, wogegen die erfolglose Suche nach Pseudowörtern länger aufrechterhalten werden muß. Ein Indiz für verstärkte Suchprozesse sind die größeren Negativierungen nach Pseudowortpräsentation (*Holcomb & Neville, 1990*). Wie Rösler und Mitarbeiter (*Rösler & Heil, 1991; Rösler et al., 1993*) gezeigt haben, können Negativerungen im evozierten Potential mit der Stärke von sprachlichen Suchprozessen korrelieren.

Differentielle Gamma-Band-Antworten auf bedeutungsvolle und oft perzipierte Reize und auf bedeutungslose wurden in der Neurowissenschaft verschiedentlich postuliert (*Engel et al., 1992; Singer & Gray, 1995*). Die bisherigen empirischen Befunde, die diese Annahmen stützten, beschränkten sich aber auf Experimente mit sehr einfachen Stimuli, wie sich bewegende Balken (*Gray et al., 1989*) oder Sinustöne (*Pantev et al., 1991*). In neueren Experimenten konnte gezeigt werden, daß auch im EEG regelmäßig sich bewegende Balken und unregelmäßige Balkenmuster zu unterschiedlichen lokalen Gamma-Band-Antworten führen (*Lutzenberger et al., 1995*). Die hier vorgestellten Experimente zeigen erstmals, daß auch physikalisch nahezu identische Stimuli unterschiedliche Gamma-Band-Antworten hervorrufen, wenn sie unterschiedliche Grade von Vertrautheit und Bedeutungshaltigkeit aufweisen (*Lutzenberger et al., 1994; Pulvermüller et al., 1994a; 1994b; 1995c; 1996a*). Eine Interpretation dieser Befunde auf der Grundlage der Hebb'schen Theorie erscheint naheliegend (*Pulvermüller, 1995a; 1996*).

5. Sprachwissenschaftliche Fragen und ihre gehirntheoretischen Antworten

In den Kapiteln 3 und 4 beschränkte sich die Fragestellung auf Unterschiede in der Verarbeitung von Wörtern und Pseudowörtern sowie von Funktions- und Inhaltswörtern. In diesem Kapitel soll die Perspektive erweitert werden. Es soll gezeigt werden, daß der Cell Assembly-Ansatz einfache Antworten auf Fragen bereitstellen kann, mit denen sich Sprachwissenschaftler seit langem beschäftigen. In Abschnitt 5.1 wird es um die sensible Phase für den Spracherwerb gehen sowie um den Einfluß des Faktors Motivation auf den Zweitspracherwerb. Abschnitt 5.2 beschäftigt sich mit der Bildung lexikalischer Kategorien, syntaktischer Regeln und der Generierung komplexer syntaktischer Strukturen. Schließlich folgt eine kurze Diskussion von Perspektiven des sprachbiologischen Ansatzes.

5.1 Spracherwerb: Prägung und operante Konditionierung

Früh, d.h. vor dem 6. Lebensjahr begonnener Erwerb einer Erst- oder Zweitsprache führt bei gesunden Menschen zu voller Sprachkompetenz. Beginnt der Zweitspracherwerb dagegen erst spät, d.h. nach der Pubertät, so wird die volle Sprachkompetenz nicht mehr erreicht *(Lenneberg, 1967; Newport, 1990)*. Dieser Befund ist ein Indikator dafür, daß es eine *sensible Phase* für den Spracherwerb gibt, während der ein Mensch auf eine (oder mehrere) Sprache(n) *geprägt* werden kann *(Dichgans, 1994)*. Dabei ist der Ausdruck "Prägung" im Sinne der Verhaltensbiologie zu verstehen, also als Lernen, das nur in einer sensiblen (oder kritischen) Phase stattfinden kann und das nach dieser Phase mindestens teilweise mißlingt. Menschen, die eine Sprache spät erwerben, zeigen auch nach vielen Jahren der Verwendung dieser Sprache noch phonologische Defizite (einen Akzent) sowie viele syntaktische Abweichungen. Dabei gelingt es diesen spät Lernenden noch relativ gut, sich einen großen Wortschatz anzueignen und die Bedeutungen von Inhaltswörtern zu erlernen. Phonologisches und syntaktisches Wissen bleibt bei spätem Erwerb einer Zweitsprache unvollkommen, wogegen lexikalisches und semantisches Wissen weniger stark unter dem späten Erwerb leidet. Ein noch gravierender Befund ergibt sich bei Kindern, die ihre Erstsprache nach der ersten Lebensdekade zu lernen beginnen. Auch sie behalten später phonologische und syntaktische Defizite, können aber ein umfassendes Repertoire an Wortformen und ein großes Wissen über Wortbedeutungen erwerben (*Curtiss, 1977; 1981; 1988*).

Betrachtet man den Zusammenhang zwischen der später erreichten syntaktischen Kompetenz und dem Alter, mit dem der Spracherwerb begonnen wurde, so ergibt sich folgendes Bild: Beginnt der Spracherwerb vor der Pubertät, so sinkt die schließlich erreichte syntaktische Kompetenz nahezu linear mit steigendem Alter, mit dem der Spracherwerb begonnen wurde (*Johnson & Newport, 1989*). Beginnt der Spracherwerb jedoch nach der Pubertät, so zeigt sich kein systematischer Zusammenhang mehr zum Alter bei Lernbeginn. Es sei darauf hingewiesen, daß zumindest ein Autor auch für spät begonnenen Spracherwerb noch einen leichten Abfall der schließlich erreichten Kompetenz mit steigendem Starthalter berichtet (*Birdsong, 1992*), doch findet die Mehrzahl der Untersuchungen hier keine signifikante Korrelation (*Johnson & Newport, 1989; Newport, 1990; Johnson & Newport, 1991; Johnson, 1992*). Abbildung 5.1 veranschaulicht den Zusammenhang zwischen dem Alter bei Lernbeginn und der schließlich erreichten syntaktischen Kompetenz. Auf der x-Achse ist also das Alter bei Beginn des Spracherwerbs aufgetragen und auf der y-Achse die syntaktische Kompetenz der Lernenden, die durch Grammatikalitätsurteile ermittelt wurde. Den Probanden wurden grammatikalisch korrekte und abweichende Sätze zur Beurteilung vorgelegt. Die Anzahl der richtig klassifizierten Ketten wurde als Maß für die syntaktische Kompetenz der Probanden benützt.

Die selektive Beeinträchtigung phonologisch-syntaktischen Wissens nach spätem Spracherwerb hat in der Sprachwissenschaft zu vielen Erklärungsversuchen geführt. Lenneberg (*1967*) hat auf den Zusammenhang zwischen der Myelinisierung des Kortex und dem Abfall der Sprachkompetenz beim spät Lernenden hingewiesen. Er nimmt an, daß mit steigender Myelinisierung des Kortex die kortikale Plastizität und damit die allgemeine Lernfähigkeit des Individuums abnimmt und deshalb auch das Sprachenlernen mißlingt. Studien zur Myelinisierung des Kortex konnten zeigen, daß bis zur Pubertät noch Veränderungen nachweisbar sind, und daß das Myelinisierungsniveau nach der Pubertät stabil bleibt (*Lecours, 1975; 1981; Gibson, 1991*). Der Rückgang der kortikalen Plastizität mit steigender Myelinisierung könnte dadurch bedingt sein, daß Gliazellen Substanzen produzieren, die das Axonwachstum hemmen (*Schwab &*

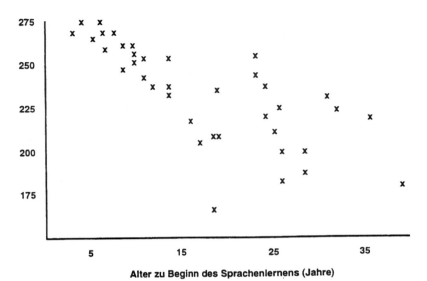

Abb. 5.1: Syntaktische Kompetenz als Funktion des Zeitpunktes, zu dem begonnen wurde, eine Sprache zu lernen. Als Startzeitpunkt des Lernens wurde das Alter der Ankunft von Immigranten in den USA verwendet. Als Maß der syntaktischen Kompetenz wurde die Anzahl korrekter Grammatikalitätsurteile in einem Test aufgetragen. Es kann als gesichert gelten, daß die betreffende ostasiatische Population nicht vor ihrer Immigration das Englische erlernt hatte (nach Johnson & Newport, 1989).

Caroni, 1988; Müller et al., 1993). Allerdings kann Lennebergs Ansatz nicht erklären, warum bei spätem Spracherwerb phonologisch-syntaktisches und lexikalisch-semantisches Wissen zu unterschiedlichen Graden reduziert sind. Linguistische Theorien, die grammatisches Wissen von anderem Wissen trennen, eröffnen Erklärungsmöglichkeiten für das spezifisch grammatische Sprachdefizit nach spätem Sprachenlernen. So wurde postuliert, daß nur die Fähigkeit zum Erwerb grammatikalischen Wissens (das phonologisches und syntaktisches beinhaltet) beim spät Lernenden beeinträchtigt ist, wogegen der Erwerb von Wissen anderer Art noch uneingeschränkt möglich ist. Als Ursache hierfür wird angenommen, daß die angeborene Universalgrammatik mit anderen inzwischen erworbenen Wissenssystemen konkurrieren muß, und deshalb der Spracherwerb nicht mehr allein auf der Basis der Universalgrammatik stattfindet (*Felix, 1981; 1985; Newport, 1990*). Weil also beim spät Lernenden zu viel Wissen vorhanden ist, sei er nicht mehr in der Lage, ausschließlich dasjenige Wissen (der Universalgrammatik), das ihm einen vollkommenen Erwerb garantieren würde, auf das neue Sprachmaterial anzuwenden. Zu viel Wissen führt also zu defizitärem Spracherwerb.

Unbefriedigend bei diesem Erklärungsansatz bleibt aber, daß er keinen Bezug zum neuronalen Substrat herzustellen versucht. Eine biologische Erklärung der sprachlichen Defizite bei spät Lernenden wird möglich, wenn man die Lenneberg'sche Theorie mit dem Cell Assembly-Modell in Zusammenhang bringt. Nach diesem Ansatz sind die Assemblies von Wortformen und Funktionswörtern auf die perisylvische Region beschränkt, wogegen die Assemblies von Inhaltswörtern über weite Teile des Kortex verteilt sind. Wie in Abschnitt 2.4 ausführlich dargelegt, dürften viele der Neuronen von Inhaltswort-Assemblies in den höheren Assoziationsarealen des Frontal-, Parietal— und Temporalkortex lokalisiert sein. Diese Neuronen, die außerhalb der perisylvischen Region liegen, können mit dem semantischen Wissen in Zusammenhang gebracht werden, das mit den Wortformen der Inhaltswörter verbunden ist. Das syntaktische Wissen, das die Abfolge von Wörtern innerhalb von Sätzen regelt, muß wesentlich durch Verbindungen zwischen Cell Assemblies repräsentiert sein (s. Abschnitte 2.4 und 5.2, *Braitenberg & Pulvermüller, 1992; Pulvermüller, 1994*). Diese Verbindungen sind vor allem dort zu erwarten, wo alle sprachrelevanten Assemblies viele ihrer Neuronen lokalisiert haben, also in der linken perisylvischen Region. Auch für phonologisches Wissen kann angenommen werden, daß es im perisylvischen Bereich niedergelegt wird (s. Abschnitt 2.4, *Braitenberg & Schüz, 1992*). Aus der Forschung zur kortikalen Myelinisierung ist nun bekannt, daß die Myelinisierung zuerst in den primären Kortizes stattfindet und dann langsam von den primären Kortizes zu den höheren Assoziationsarealen hin fortschreitet (*Flechsig, 1920; Conel, 1939*). Für den perisylvischen Bereich bedeutet dies, daß bis zur Mitte der zweiten Lebensdekade kontinuierlich der Grad der Myelinisierung zunimmt und schließlich überall ein sehr hoher Grad an Myelinisierung erreicht wird. Die höheren Assoziationsareale behalten dagegen während des gesamten Lebens einen relativ großen Anteil unmyelinisierter Fasern (*Lecours, 1975; Gibson, 1991*). So sind z.B. bis zu 16 Prozent der Fasern, die Assoziationskortizes über den Corpus callosum verbinden, unmyelinisierte, wogegen nur weniger als 5 Prozent der Fasern, die primäre und sekundäre Kortizes verbinden, eine Myelinscheide haben *(Aboitiz et al., 1992)*. Nach dem Cell Assembly-Modell erschwert die perisylvische Myelinisierung vor allem den Erwerb von phonologischem und syntaktischem Wissen, weil dieses normalerweise durch synaptische Modifikation in der perisylvischen Region gespeichert wird. Der hohe Anteil unmyelinisierter Fasern in den Assoziationsgebieten des erwachsenen Gehirns erlaubt dagegen noch einen weniger beeinträchtigten Erwerb semantischen Wissens (das primär durch Kopplung perisylvischer Wortform-Assemblies an extra-perisylvische Neuronen niedergelegt wird). Aufgrund des Cell Assembly-Modells und der empirischen Befunde zur differentiellen kortikalen Myelinisierung ergibt sich demnach eine Erklärung für das selektive Defizit im späten Erwerb phonologisch-syntaktischen Wissens *(Pulvermüller & Schumann, 1994; 1995)*.

Es kann festgehalten werden, daß der präpubertäre kontinuierliche Abfall der phonologisch-syntaktischen Kompetenz mit steigendem Alter bei Beginn des Spracherwerbs sowohl mit einem kognitiv-linguistischen Ansatz (Konkurrenz zwischen Universalgrammatik und anderen kognitiven Systemen) als auch mit einem sprachbiologischen Ansatz (differentielle kortikale Myelinisierung) erklärt werden kann. Weitere Daten zum Spracherwerb können allerdings helfen, zwischen diesen Erklärungsmodellen zu entscheiden.

Aus der Spracherwerbsforschung ist bekannt, daß sich prä- und postpubertär Lernende im Hinblick auf die Vorhersagbarkeit ihrer später erreichten sprachlichen Kompetenz unterscheiden. Während für den früh beginnenden Lerner das Kompetenzniveau, das schließlich erreicht wird, aufgrund des Zeitpunktes, zu dem das Lernen begonnen wurde, vorausgesagt werden kann, hat das Niveau des spät Lernenden eine viel größere Schwankungsbreite. In Abbildung 5.1 äußern sich diese Schwankungen in einer größeren Streuung der Werte in der rechten Hälfte des Diagramms. Die *Varianz der syntaktischen Kompetenz* nach spät begonnenem Spracherwerb ist also viel größer als die nach frühem Beginn. Diese Vergrößerung der Varianz kann von bisher vorgeschlagenen kognitiv-linguistischen Ansätzen nicht erklärt werden. Das biologische Modell bietet dagegen einen Erklärungsansatz, der in engem Zusammenhang steht mit Theorien zum Einfluß des Faktors Motivation auf den Erfolg des Sprachenlernens.

In der Forschung zum Zweitspracherwerb wurde postuliert, daß sich die hohe Fluktuation der syntaktischen Kompetenz nach spätem Spracherwerb auf unterschiedliche Grade der *Motivation* zum Sprachenlernen zurückführen läßt *(Schumann, 1976; 1978; 1990)*. Da dieser Ansatz eine mögliche Erklärung der hohen Varianz spät erworbener Sprachkompetenz eröffnet, soll in den folgenden Abschnitten nach den möglichen biologischen Korrelaten motivationaler Faktoren gefragt werden.

Beim Spracherwerb werden Wortformen nicht nur zusammen mit neutralen Stimuli verschiedener Modalitäten dargeboten (s. Abschnitt 2.4), die Verwendung von Sprachmaterial erfolgt oft auch in enger zeitlicher Kontingenz mit primären und sekundären Verstärkern. Kontinuierliche oder intermittierende operante Verstärkung für die Verwendung von Sprachelementen führt zu Erhöhung der Auftretenswahrscheinlichkeit des Sprachverhaltens *(Skinner, 1957)*. Das neurobiologische Substrat dieser *operanten Konditionierung* ist wahrscheinlich die korrelierte Aktivierung von kortikalen Assemblies, die Wortformen entsprechen, und von Neuronen im limbischen System und in tieferliegenden Kernen, die durch den Belohnungsreiz aktiviert werden. Aufgrund der Hebb'schen Regel kann angenommen werden, daß die häufige gemeinsame Aktivierung kortikaler und subkortikaler Neuronen zu einer Verstärkung ihrer Verbindungen führt. Kortikale Neuronenpopulationen, auf deren Aktivierung häufig Belohnungsreize folgen, sind demnach oft zusammen mit Neuronen des limbischen Systems und tiefergelegener Strukturen aktiv und werden deshalb stärker an diese Neuronenpopulationen gekoppelt. Es kommt zur Ausbildung von Assemblies mit kortikalen und subkortikalen Anteilen *(Pulvermüller & Schumann, 1994)*. Ein entscheidender Unterschied zwischen frühem und spätem Spracherwerb ist nun folgender: Während ein Kind für Sprachverhalten systematisch belohnt wird, variiert der Grad der Belohnung (oder Bestrafung) des Sprachverhaltens beim Erwachsenen, der eine Zweitsprache erlernt *(Schumann, 1986; 1990)*. Demnach ist anzunehmen, daß die Ausbildung von Assemblies mit kortikalen und subkortikalen Anteilen bei spät Lernenden sehr unterschiedlich sein kann.
Für die Ausbildung solcher Netzwerke könnte ein Schaltkreis von besonderer Bedeutung sein, der vom Kortex zum Corpus amygdaloideum führt und über diesen in die dopaminergen Gebiete des Mittelhirns, den Nucleus tegmentalis ventralis und die Substantia nigra. Von dort ziehen wieder starke Faserbündel in den Kortex (vor allem Frontalkortex und Gyrus cinguli) und in das Striatum. Die Funktionen dieser aufsteigenden dopaminergen Projektionen konnten bereits teilweise aufgeklärt werden *(Miller & Wickens, 1991; Wickens, 1993)*. Im Neostriatum besteht eine ihrer Funktionen darin, synaptische Verstärkung zu ermöglichen. Gemeinsame Aktivität von kortiko-striatalen Fasern und von postsynaptischen Striatumneuronen ist keine hinreichende Bedingung für synaptische Verstärkung. Um hier synaptische Verstärkung zu erreichen, muß außerdem in enger zeitlicher Kontingenz in der Nähe der kortiko-striatalen Synapse (am selben Spine) Dopamin ausgeschüttet werden. Da diese Dopaminausschüttung im intakten Gehirn über Projektionen aus dem Mittelhirn erfolgt, wird Aktivität im aufsteigenden Dopaminsystem zu einer notwendigen Bedingung für synapti-

sche Verstärkung im Striatum (*Wickens, 1993*). Es ist gut denkbar, daß das im Mittelhirn produzierte Dopamin auch im Kortex ähnliche Funktionen erfüllt. Dopaminausschüttung aus aufsteigenden Mittelhirn-Projektionen wäre dann von entscheidender Bedeutung für synaptische Verstärkung und Lernen im Telencephalon.

Im Gehirn eines Menschen, der oft für die Verwendung von Wortformen einer Sprache belohnt wird, bilden sich, wenn diese Annahmen zutreffen, Wortrepräsentationen in Form von Cell Assemblies, die Neuronen des Kortex sowie Neuronen der Amygdala und des Mittelhirns enthalten. Zündet eine solche Assembly, so kommt es auch zur Aktivierung von dopaminergen Neuronen des Mittelhirns, was wiederum zu Ausschüttung von Dopamin in Kortex und Striatum führt. Wenn das Vorhandensein von Dopamin im Vorderhirn weitere synaptische Verstärkungsprozesse (also Lernen) erleichtert, so folgt, daß unter diesen Bedingungen auch Sprachenlernen leichter möglich wird. Die Verwendung von Wörtern, für die der Lerner früher belohnt wurde, löst demnach verstärkte Ausschüttung von Dopamin im Vorderhirns aus. Diese Dopamin-"Überflutung" fördert weitere Lernprozesse. Wenn Sprache spät erworben wurde, jedoch die Verwendung dieser Sprache häufig belohnt wurde, so sollte ein verhältnismäßig hohes Kompetenzniveau erreicht werden. Bei spätem Spracherwerb ohne häufige Belohnung werden sich dagegen keine Assemblies mit limbischen und Mittelhirn-Anteilen ausbilden, die den Wörtern dieser Sprache entsprechen. Folglich wird weiteres Sprachenlernen nicht erleichtert und das Kompetenzniveau bleibt relativ niedrig. Die Annahme subkortikaler Anteile, um die kortikale Cell Assemblies erweitert werden können, erlaubt es also, die große Variation der Sprachkompetenzen bei spätem Sprachenlernen auf neurobiologischer Grundlage zu erklären.

Zusammenfassend kann die Beeinträchtigung phonologischer und syntaktischer Fähigkeiten bei spätem Erwerb einer Sprache auf die bis zur Pubertät zunehmende Myelinisierung der perisylvischen Region zurückgeführt werden. Die sensible Phase für den Spracherwerb ist durch einen geringen Myelinisierungsgrad der perisylvischen Sprachregion gekennzeichnet. In dieser Periode kann phonologisches und syntaktisches Wissen in der perisylvischen Region durch synaptische Modifikation niedergelegt werden. Ist der perisylvische Bereich nach der Pubertät voll myelinisiert, so sind Lernprozesse im perisylvischen Bereich und damit der Erwerb phonologischen und syntaktischen Wissens beeinträchtigt. Die hohe Varianz der Sprachniveaus nach spätem Lernen läßt sich mit der Annahme von Assemblies mit subkortikalen Anteilen in Zusammenhang bringen, die sich nur bei systematischer Belohnung von Sprachverhalten ausbilden. Wenn Sprachmaterial häufig zusammen mit Belohnungsreizen dargeboten wird, so erwirbt die kortikale Repräsentation der Sprachelemente starke Verbindungen zu limbischen und tiefergelegenen dopaminergen Strukturen. Darbietung des Sprachmaterials führt dann auch zu Aktivierung aufsteigender dopaminerger Projektionen, was weiteres Lernen erleichtert. Die hohe Varianz der Kompetenzniveaus nach spätem Spracherwerb ist demnach eine Folge operanter Konditionierungsprozesse. Bei aller Vorsicht, die diesen gehirntheoretischen Überlegungen entgegengebracht werden muß, bieten sie doch die Grundlage für eine tentative biologische Erklärung für Daten zum Spracherwerb, die bisher nicht befriedigend mit kognitiven und linguistischen Modellen zu erklären sind.[18]

5.2 Gehirnmechanismen der Syntax: Generalisierung und mehrfache Einbettungen

Sprachbiologische Ansätze erlauben eine Spezifikation neuronaler Schaltkreise und Mechanismen, die der Repräsentation und Verarbeitung einfacher sprachlicher Strukturen zugrundeliegen. In Abschnitt 2.4 wurde auf die Repräsentation von Wörtern, Morphemen, Silben und Phonemen eingegangen. Für komplexere sprachliche Einheiten, die sich aus der Kombination von Wörtern und Morphemen in Sätzen ergeben, wird die Spezifikation neuronaler Repräsentationen schwieriger. Wenn jedem Wort eine Cell Assembly entspricht, so kann angenommen werden, daß eine Kette verbundener Assemblies das neuronale Korrelat eines Satzes bildet. Hier ergibt sich aber ein prinzipielles Problem, auf das schon Chomsky vielfach hingewiesen hat (z.B. *Chomsky, 1959; Miller & Chomsky, 1963)*. Das sprachenlernende Kind perzipiert nur eine kleine Zahl von Sätzen, ist aber später in der Lage, auch Sätze, die es vorher nie gehört hat, auszusprechen und zu verstehen. Für Chomsky war dies ein Beweis dafür, daß im Geist bzw. Gehirn des Menschen schon vor jedem Lernen ein fundamentales Wissen um grammatikalische Prinzipien vorhanden ist. Dieses Wissen, das er *Universalgrammatik* nennt, soll im genetischen Code des Menschen verankert sein (s. Abschnitt 2.3). Aufgrund der Prinzipien der Universalgrammatik kann das Kind

---

[18] Die hier diskutierte neurobiologische Erklärung von Daten aus der Spracherwerbsforschung wurde von Pulvermüller und Schumann (1994) detaillierter ausgeführt.

nach Perzeption eines sehr limitierten und sogar fehlerhaften Inputs die Regeln extrahieren, die der zu erlernenden Sprache zugrundeliegen, und die es ihm erlauben, neue Sätze zu produzieren und zu verstehen. Der Schluß von der Produktion neuer Sätze durch das Kind auf ein angeborenes Wissenssystem ist aber nicht zwingend. Im folgenden soll gezeigt werden, daß unter bestimmten Bedingungen ein limitierter Input für die Generalisierung syntaktischer Regeln ausreichend ist.

Ein sehr einfaches Beispiel für eine Regel zur Kombination von Morphemen ist die zur Bildung der Vergangenheitsform regelmäßiger Verben im Singular. Im Deutschen wird in diesem Fall an den Verbstamm das Suffix "-te" angehängt. Hat das Kind eine genügend große Zahl von Wörtern wie "machte", "wollte" und "liebte" gehört, so wird es andere Formen wie "schenkte", "wählte" oder "lobte" selbständig bilden, auch wenn es vorher nie diese Vergangenheitsformen gehört hat, sondern nur die entsprechenden Infinitive oder Präsensformen. In einem bestimmten Stadium des Spracherwerbs wird es sogar Formen bilden wie "gebte", "nehmte" oder "denkte". Diese sogenannten *Übergeneralisierungen* sind ein klarer Beweis dafür, daß eine Kombinationsregel angewandt wurde, die man folgendermaßen formulieren kann: "Hänge an den Verbstamm die Endung "-te" an, um die Vergangenheitsform zu erhalten".

Wie kommt es zur Ausbildung solcher Regeln? Auf dem biologischen Niveau bietet sich folgende Antwort. Jeder Verbstamm entspricht einer spezifischen Assembly. Auch die Endung, die Vergangenheit signalisiert, entspricht einer Assembly. Man kann jetzt annehmen, daß die Assemblies, die Verbformen entsprechen, nicht vollkommen voneinander verschiedene Mengen von Neuronen sind, sondern daß die Verb-Assemblies überlappen, also Neuronen gemeinsam haben. Der Überlappungsbereich kann mit gemeinsamen Eigenschaften der Verben, z.B. mit gemeinsamen semantischen Merkmalen in Zusammenhang gebracht werden. Nehmen wir also an, daß die Assemblies der Morpheme "mach", "lieb" und "schenk" einige Neuronen gemeinsam haben. Wird nun die Vergangenheitsform "machte" perzipiert, so verstärken sich Verbindungen, die von der Verbstamm-Assembly zu dem Netzwerk projizieren, das die Endung repräsentiert. Wird die Vergangenheitsform eines zweiten Verbs ("liebte") perzipiert, so verstärken sich auch hier Verbindungen von der Verbstamm- zur Suffix-Assembly. Entscheidend ist, daß die Neuronen des Überlappungbereichs in beiden Fällen zusammen mit der Suffix-Assembly aktiv waren. Folglich werden die Verbindungen vom Überlappungsbereich zur Suffix-Assembly viel mehr verstärkt, als die Verbindungen der Neuronen außerhalb des Überlappungsbereichs. Abbildung 5.2 veranschaulicht dies. Da jedoch Neuronen des Überlap-

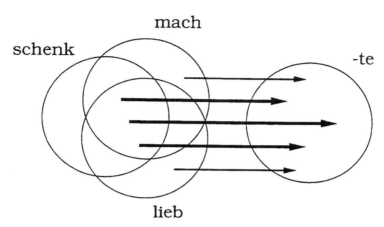

Abb. 5.2: Assoziatives Regellernen am Beispiel der Bildung regelmäßiger Vergangenheitsformen. Die drei Kreise links repräsentieren Assemblies, die Verbstämmen (mach, lieb, schenk) entsprechen. Die drei Assemblies haben eine Schnittmenge. Der Kreis rechts repräsentiert das Suffix "-te". Wenn zwei der drei Verb-Assemblies ("lieb", "mach") jeweils gemeinsam mit der Suffix-Assembly aktiv waren, so werden sich die Verbindungen der Überlappungsregion am deutlichsten verstärkt. Auch die Aktivierung der dritten Verb-Assembly ("schenk"), die noch nie zusammen mit der Suffix-Assembly aktiv war, führt dann über die Überlappungsregion zu Stimulation der Suffix-Assembly.

pungsbereichs auch zu einer Verbstamm-Assembly gehören, die noch nie zusammen mit der Suffix-Assembly gezündet wurde, kann jetzt die Aktivierung dieser Assembly zur Stimulation der Suffix-Assembly führen. Auch bei Aktivierung der Assembly, die den Verbstamm "schenk" repräsentiert, kann demnach - aufgrund der außerordentlich starken Verbindungen des Überlappungsbereichs - Erregung zur "-te"-Assembly fließen. Es ergibt sich eine Abfolge von Assembly-Zündungen, die einer neuen, nie perzipierten Morphemfolge entspricht. Diese Überlegungen gelten natürlich auch dann, wenn der Überlappungsbereich die Schnittmenge einer größeren Zahl von Assemblies ist.

Derselbe assoziative Lernmechanismus zur Generalisierung von Regeln kann für andere syntaktische Regeln postuliert werden. Hat ein Kind eine endliche Menge von Nomina und intransitiven Verben erlernt und kennt es einige der Nomen-Verb-Kombinationen, so können andere Kombinationen dieses Typs generalisiert werden, wenn sowohl die Assemblies der Nomina, als auch die der Verben jeweils eine Überlappungsregion haben, die z.B. gemeinsame semantische Merkmale der Wörter repräsentiert. Die Verbindung vom Überlappungsbereich der Nomina zu dem der Verben wäre dann das neuronale Äquivalent der Regel, die in einem Satz neben einem Nomen auch ein Verb fordert. Nachdem der assoziative Lernmechanismus stattgefunden hat, können die Überlappungsbereiche als Repräsentationen der lexikalischen Kategorien Nomen und Verb betrachtet werden.

Es könnte kritisch eingewendet werden, daß die Hypothese eines überlappungsbereichs der Assemblies von Nomina bzw. Verben eine zu starke Annahme ist. Auf diesen Einwand gibt es im Prinzip zwei Entgegnungen. Erstens erscheint plausibel, daß wenn auch nicht alle, so doch viele Nomina gemeinsame Eigenschaften haben - etwa die Eigenschaft, daß mit ihnen auf konkrete Gegenstände referiert werden kann - und daß auch die Mehrzahl der Verben gemeinsame semantische Merkmale aufweist - etwa die Eigenschaft, daß sie zur Charakterisierung von Handlungen verwendet werden können *(Skinner, 1957)*. Die Annahme von semantischer Verwandtschaft vieler Wörter, die derselben syntaktischen Kategorie zugerechnet werden, ist deshalb gut motiviert und macht die Annahme eines Überlappungsbereichs der neuronalen Repräsentanten dieser Wörter plausibel. Zweitens kommt keine Theorie des Spracherwerbs ohne die Annahme solcher gemeinsamer Eigenschaften aus. Eine linguistische Theorie könnte eine Regel der Universalgrammatik annehmen, die festlegt, daß ein Satz mindestens ein Nomen und ein Verb beinhalten muß. Allerdings stünde das sprachenlernende Kind dann vor dem Problem, daß es nicht wüßte, welche der von ihm perzipierten Wortformen zu den Kategorien Verb und Nomen zählen. Pinker *(1984)* hat deshalb vorgeschlagen, daß im Laufe des Spracherwerbs zunächst Aspekte der Bedeutung von Wortformen gelernt werden, und aufgrund dieser Bedeutungen dann die Zugehörigkeit zu bestimmten lexikalischen Kategorien erschlossen wird (sogenanntes "semantisches Bootstrapping"). Auch mit dieser Hypothese muß angenommen werden, daß die Verben und Nomina, deren lexikalische Kategorie erschlossen wird, gemeinsame semantische Eigenschaften haben. Eine kognitiv-linguistische Theorie macht über diese Annahme hinaus noch Annahmen über angeborene Satzbauprinzipien. Im Rahmen der neurobiologischen Theorie genügt dagegen in vielen Fällen die Annahme von Assembly-Überlappungen und assoziativer Lernprozesse für die Erklärung des Erwerbs von Regelwissen als Folge eines limitierten Inputs.

Verhältnismäßig einfache Regeln, wie die der Bildung der regelmäßigen Vergangenheitsformen, können demnach als Folge assoziativer Lernmechanismen erklärt werden. Es besteht aber der Verdacht, daß für komplexere Regeln der

Syntax doch angeborene Satzbauprinzipien angenommen werden müssen. Die ergibt sich daraus, daß neuronale Netzwerke, die assoziative Lernmechanismen benutzen, mit bestimmten syntaktischen Konstruktionen systematisch Schwierigkeiten haben (*Bierwisch, 1990; Jain & Waibel, 1990; Elman 1993*). Eine solche komplexe Regel ist die der *zentralen Einbettung*. Sie besagt, daß in einen Satz ein zweiter eingebettet werden kann, wobei der zweite Satz abgeschlossen sein muß, bevor der erste fortgeführt wird. Diese Regel kann wiederholt angewandt werden, so daß zentral eingebettete Strukturen entstehen wie "Das Pferd, das dem Esel, der die Katze, die die Maus gefangen hat, erschreckte, einen Tritt versetzte, trabte erhobenen Hauptes davon". Derart komplexe Strukturen sind zwar für den Sprachgebrauch nicht relevant, jedoch zeigen psycholinguistische Studien, daß immerhin Sätze bis zu einem Einbettungsgrad von drei (ein Hauptsatz mit zwei Nebensätzen) noch gut verstanden werden (*Bach et al., 1986*). Der Satz "Das Pferd, das dem Esel, der die Katze erschreckte, einen Tritt versetzte, trabte erhobenen Hauptes davon" wäre demnach noch als verständlicher und deshalb verwendbarer Satz des Deutschen zu werten.
Es stellt sich jetzt die Frage, welcher Mechanismus angenommen werden kann, der die Abfolge der Teile von Sätzen mit mehrfacher Einbettung regelt. In frühen Grammatiktheorien wurde postuliert, daß der Mechanismus der *Pushdown-Speicherung* für die Sprachkompetenz fundamental ist (*Chomsky, 1963; Chomsky & Miller, 1963; Chomsky, 1965*). Ein Pushdown-Speicher (oder "Kellerspeicher") funktioniert nach dem Prinzip, daß die zuerst eingespeicherte Information zuletzt ausgelesen wird, und die zuletzt eingespeicherte Information zuerst dem Speicher entnommen wird. Im Fall eines dreifach zentral eingebetteten Satzes wäre der Mechanismus der Satzproduktion folgendermaßen zu spezifizieren. Zunächst wird der Hauptsatz begonnen. Dieser wird dann zugunsten des ersten Nebensatzes unterbrochen, wobei aber die Information über die notwendige Fortsetzung des Hauptsatzes im Speicher abgelegt wird. Der erste Nebensatz wird später auch unterbrochen, so daß der zweite Nebensatz begonnen werden kann. Zu diesem Zeitpunkt muß auch die Information über das Ende des ersten Nebensatzes im Kellerspeicher abgelegt werden, allerdings über dem Wissen um die Fortsetzung des Hauptsatzes. Schließlich gelangt auch die Information über die zweite Hälfte des zweiten Nebensatzes in den Kellerspeicher, wo sie auf die bereits gemachten Einträge gelegt wird. Ist die erste Hälfte des komplexen Satzes ("Das Pferd, das dem Esel, der die Katze ...") produziert, so kann im Speicher nachgeschaut werden, wie die jeweiligen zweiten Satzhälften zu ordnen sind. Die Information wird dann aus dem Speicher von oben nach unten ausgelesen. Deshalb erhält man zuerst die Information über den fortzusetzenden zweiten

Nebensatz, dann die über den ersten und erst zum Schluß die Information über die zu ergänzenden Teile des Hauptsatzes. Dies entspricht der gewünschten Abfolge der Satzteile im zentral eingebetteten komplexen Satz. Entscheidend ist hier, daß es das Funktionsprinzip des Kellerspeichers ist, das die syntaktische Eigenschaft der Zentraleinbettung determiniert. Daß in diesem Fall nicht ein einfacher assoziativer Lernmechanismus zur Ausbildung der Regel der Zentraleinbettung führt, erscheint evident. Vom Standpunkt einer biologischen Sprachtheorie ist allerdings zu fragen, wie der Mechanismus der Pushdown-Speicherung im Gehirn realisiert sein kann.

Auch hier bietet das Cell Assembly-Konzept einen Lösungsvorschlag. Für Cell Assemblies muß angenommen werden, daß sie nach ihrer Aktivierung nicht sofort wieder inaktiv werden. Aufgrund der starken Verschaltungen innerhalb der Assembly erscheint wahrscheinlich, daß nach einer Aktivierung neuronale Erregung in der Assembly kreist. Elektrophysiologische Experimente zeigen tatsächlich, daß Neuronen vorübergehend verstärkt aktiv sind, wenn Versuchstiere einen Gedächtnisinhalt speichern müssen. Solche "Gedächtniszellen" finden sich nicht nur im Frontalkortex (wo sie zuerst entdeckt wurden, *Fuster, 1989)*, sondern ebenso in parietalen und temporalen Gebieten (*Fuster, 1990; 1994*). Die vorübergehende Anhebung des Aktivitätsniveaus läßt sich damit erklären, daß die "Gedächtniszellen" zu Assemblies gehören, in denen Aktivität zirkuliert. Die Gedächtnismaschinen bleiben allerdings nicht auf einem konstanten Erregungsniveau. Viele der "Gedächtniszellen" zeigen einen langsamen, annähernd exponentiellen Abfall ihres Erregungsniveaus, was auf einen exponentiellen Abfall der Erregung innerhalb der gesamten Assembly schließen läßt (s. Abb. 5.3).

Wenn Assemblies mit exponentiellem Erregungsabfall die Grundlage für syntaxrelevante Gedächtnisprozesse bilden, so ergibt sich ein Mechanismus, der die Grundlage für gehirninterne Pushdown-Speicherung bilden könnte. Werden drei Assemblies nacheinander stimuliert, deren Aktivität entsprechend derselben Exponentialfunktion abfällt, so bleibt die Information über die Abfolge der Stimulationen in der Hierarchie der Erregungsniveaus erhalten (s. Abb. 5.4). Die zuletzt aktivierte Assembly befindet sich auf dem höchsten Erregungsniveau, die als zweitletzte aktivierte auf dem zweithöchsten, und die zuerst aktivierte Assembly befindet sich auf dem niedrigsten Erregungsniveau. Ein Mechanismus, der immer nur die Information ausliest, die in der am stärksten aktiven Assembly gespeichert ist, wird also das Auslesen in der umgekehrten Reihenfolge der Einspeicherung vornehmen. Dies ist exakt die Reihenfolge, in der die Information über die zu vollendenden Teile eines dreifach zentral eingebetteten Satzes zur Verfügung stehen müssen.

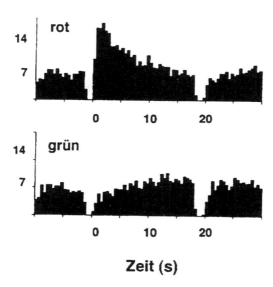

Abb. 5.3: Aktivität eines Neurons der unteren Temporalwindung des Kortex von Macaca mulatta während eines Gedächtnisexperiments. Die Antworten der Zelle, gemessen in Aktionspotentialen pro Sekunde, wurden über mehrere Versuchsdurchführungen gemittelt. Dem Affen wurde zunächst ein roter (oben) bzw. grüner (unten) Stimulus gezeigt. Nach einer Wartezeit von 18 Sekunden ("delay") erfolgte ein zweiter Reiz, auf den das Tier eine Taste mit rotem/grünem Zeichen drückte. Das Neuron zeigt nur sehr schwache Aktivität während der Darbietungen der Stimuli. Dagegen ist das Aktivitätsniveau des Neurons in der "Gedächtnisperiode" zwischen den Reizen erhöht. Nach Stimulation mit Rot fällt das Aktivitätsniveau des Neurons annähernd exponentiell ab. Für die freundliche Überlassung der hier verwendeten Abbildungen bedanke ich mich bei Joaquin Fuster.

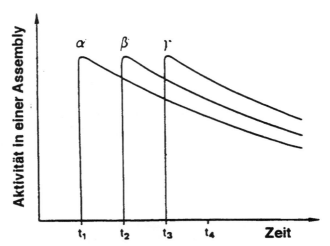

Abb. 5.4: Ein System bestehend aus Cell Assemblies, die nach Stimulation exponentiell Aktivität verlieren, kann die Information über die Reihenfolge der Stimulationen speichern. Die drei Assemblies α, β und γ werden nacheinander - zu den Zeitpunkten t_1, t_2 und t_3 - "eingeschaltet". Zu jedem späteren Zeitpunkt - etwa zum Zeitpunkt t_4 - ist die zuerst stimulierte Assembly α am schwächsten aktiv, die als zweite stimulierte Assembly β etwas stärker und die zuletzt eingeschaltete Assembly γ am stärksten. Eine so funktionierende Gruppe von Cell Assemblies könnte die Grundlage eines gehirninternen Pushdown-Speichers bilden. Aus Pulvermüller (1994).

Der hypothetische neuronale Pushdown-Speicher repräsentiert demnach eine Möglichkeit, wie das Prinzip der zentralen Einbettung im Gehirn niedergelegt sein könnte. Wenn mehrere Assemblies in derselben Weise exponentiell Aktivität verlieren, dann haben sie zusammengenommen die Charakteristika eines Kellerspeichers, der zur Generierung mehrfach zentral eingebetteter Konstruktionen benützt werden kann. Natürlich sind es biologische Eigenschaften wie die Größe der Assemblies, die Stärke der synaptischen Verbindungen zwischen ihren Neuronen und die Leitungsgeschwindigkeiten der Axone, die die exponentielle Abfallcharakteristik determinieren. Diese Eigenschaften sind im Hinblick auf die menschlichen Sprachkortizes aber bisher nicht systematisch erforscht. Es erscheint aber prinzipiell möglich, diese biologischen Universalien zu bestimmen und zu erforschen, wie sie komplexes sprachliches Verhalten determinieren.

Zusammenfassend kann die Generalisierung syntaktischer Regeln in einem Assoziativspeicher erfolgen, in dem kein vorprogrammiertes Wissen vorhanden ist. Unser Kortex, der wichtige Eigenschaften eines Assoziativspeichers hat (*Palm, 1982; Braitenberg & Schüz, 1991*), kann demnach wahrscheinlich viele Kombinationsprinzipien aufgrund eines limitierten Inputs errechnen, ohne daß genetische Vorinformation nötig wäre. Für andere Sequenzierungsregeln ist allerdings unklar, wie sie sich als Folge assoziativer Lernprinzipien und sensorischer Stimulation im Gehirn entwickeln können. Als Beispiel hierfür wurde die Regel der zentralen Einbettung diskutiert. In diesem Fall erscheint eine genetische Determination plausibel. Allerdings ist es vom sprachbiologischen Standpunkt aus unbefriedigend, lediglich zu postulieren, daß bestimmte Prinzipien angeboren und somit Teil der "Universalgrammatik" sind. Die interessante Frage scheint gerade zu sein, wie solche Prinzipien im Gehirn realisiert sind, und auf welche Eigenschaften des neuronalen Substrats sie zurückgehen. So konnte die Möglichkeit aufgezeigt werden, daß das Prinzip der Pushdown-Speicherung in einem System von Cell Assemblies mit exponentiellem Erregungsabfall realisiert ist. Im Rahmen der Sprachwissenschaft erscheint die Spezifikation assoziativer Lernmechanismen und biologischer Universalien, die sprachlichen Sequenzierungsregeln zugrundeliegen, als sinnvoll und wünschenswert.[19]

5.3 Perspektiven der Sprachbiologie

Die vorgestellten Überlegungen spezifizieren biologische Mechanismen, die der Repräsentation und Verarbeitung von Sprache zugrundeliegen könnten. Diese Mechanismen erlauben eine Erklärung wichtiger Eigenschaften organischer Sprachstörungen (Kapitel 2). Weil das dargelegte Modell explizit Zusammenhänge zwischen sprachlich-kognitiven Vorgängen und physiologischen Abläufen im Gehirn herstellt, erlaubt es auch Vorhersagen zu Verhaltensleistungen und physiologischen Prozessen bei der Sprachverarbeitung. Vorhersagen und empirische Befunde zur Verarbeitung von Funktions- und Inhaltswörtern (Kapitel 3) und zur Verarbeitung von Wörtern und Pseudowörtern (Kapitel 4) wurden aus-

---

[19] Die hier vorgestellten Überlegungen zur Neurobiologie syntaktischer Mechanismen wurden von Pulvermüller (1993; 1994; 1995c) weiter ausgeführt.

führlich dargestellt. Darüberhinaus eröffnet das Modell die Möglichkeit, biologische Vorgänge beim Spracherwerb zu spezifizieren sowie Mechanismen aufzuklären, die dem Wissen um komplexe Sequenzierungsregeln zurgrundliegen. Die hier vorgestellten Ergebnisse zeigen, daß die Entwicklung und Testung neurobiologischer Modelle höherer kognitiver Leistungen zum jetzigen Zeitpunkt sinnvoll und fruchtbar ist.

Neben einem Plädoyer für eine biologische Fundierung der Sprachwissenschaft enthält diese Arbeit Argumente für die Verwendung des Hebb'schen Cell Assembly-Konzepts im Rahmen der Sprachbiologie. Die Annahme von transkortikalen Assemblies, die über weit voneinander entfernte kortikale Areale beider Hemisphären verteilt sind, erlaubte die korrekte Vorhersage einiger der hier zusammengefaßten empirischen Befunde. Ohne die Annahme solcher transkortikaler Assemblies ist unklar, wie der multimodale Charakter der Mehrzahl der Aphasien, der Bilateralvorteil bei Wortverarbeitung oder die differentielle Gamma-Band-Aktivität nach Wort- und Pseudowort-Präsentation erklärt werden können. Dies beweist zwar nicht die Korrektheit des Cell Assembly-Ansatzes, wohl aber seine Erklärungskraft.

Diese Arbeit kann nur einen kleinen Schritt in Richtung auf eine neurobiologisch fundierte Sprachwissenschaft gehen. Deshalb ist es sinnvoll, zum Schluß auf *Desiderata* hinzuweisen, die in weiteren Studien erfüllt werden könnten. Der postulierte Unterschied zwischen den neuronalen Entsprechungen der beiden größten Wortklassen, Funktions- und Inhaltswörter, wurde mit behavioralen und elektrophysiologischen Untersuchungen nachzuweisen versucht. Es erscheint wünschenswert, dieses Ergebnis auch mit anderen bildgebenden Verfahren abzusichern. Im nächsten Schritt ist nach Unterschieden zwischen den biologischen Äquivalenten der Unterschiede auch anderer Wortklassen zu fragen, zerfallen doch die Grobklassen der Funktions- und Inhaltswörter in eine Vielzahl von Unterklassen, die aufgrund phonologischer, morphosyntaktischer und semantischer Merkmale definiert werden können. So lassen sich Unterschiede zwischen ein-, zwei- und dreisilbigen Wörtern, zwischen Verben und Nomina und zwischen abstrakten und konkreten Nomina vorhersagen und untersuchen. In Experimenten mit neurologischen Patienten wurden neuerdings selektive Störungen der Verwendung von Nomina bzw. Verben nachgewiesen, die durch spezifische Kortexläsionen verursacht zu sein scheinen *(Damasio et al., 1990; Damasio & Damasio, 1992; Damasio & Tranel, 1993)*. Psychophysiologische Evidenz für Unterschiede zwischen diesen Wortklassen konnte kürzlich ebenso erbracht werden *(Preißl et al., 1995)*. Die Unterschiede spektraler Antworten auf Wörter und Pseudowörter lassen die Frage aufkommen, ob nicht auch Wortklassen im

Hinblick auf die Topographie ihrer Gamma-Band-Antworten unterschieden werden können. Auch hierzu liegen inzwischen erste Ergebnisse vor, die darauf hindeuten, daß Wörter verschiedener Bedeutung unterschiedliche Muster von Gamma-Band-Antworten im Bereich von 30 Hz hervorrufen *(Pulvermüller et al., 1996b; s. auch Pulvermüller, 1996)*.

Schließlich eröffnen die gehirntheoretischen Spekulationen über Mechanismen des Spracherwerbs und der Syntax ein weites Feld empirischer Forschung. Im Fall der Spracherwerbsforschung wäre zunächst zu fragen, ob man elektrophysiologische Evidenz finden kann, daß bei spätem Spracherwerb tatsächlich die Verarbeitung syntaktischer Information und die Verarbeitung von Funktionswörtern aus den perisylvischen Gebieten wegverlagert wird und nur noch defizitär abläuft. Erste psychophysiologische Studien scheinen dies nahezulegen (*Weber-Fox & Neville, 1992a; 1992b*). Aufgrund der vorgestellten Überlegungen zur Neurobiologie syntaktischer Mechanismen eröffnet sich die Frage, ob direkte physiologische Evidenz für den postulierten Pushdown-Mechanismus gefunden werden kann. Solche Evidenz ließe sich möglicherweise aufgrund langsamer Potentialverschiebungen im EEG gewinnen.

Weitere offene Fragen betreffen die gehirntheoretische Erklärung bereits erbrachter psychophysiologischer Befunde zur Verarbeitung von Sätzen mit semantischen und syntaktischen Abweichungen. So konnte gezeigt werden, daß das Auftreten eines semantisch abweichenden Wortes in einem Satz zu einer späten Negativierung (N400, *Kutas & Hillyard, 1980; 1984*) führt, wogegen morphosyntaktische Abweichungen entweder eine frühe Negativierung (um 200 ms, *Neville et al., 1991; Friederici et al., 1993*) oder eine sehr späte Positivierung (*Osterhout & Holcomb, 1992; Hagoort et al., 1993*) auslösen. Diese Daten werden bisher als Evidenz für die Existenz autonomer Module der Semantik- und Syntaxverarbeitung interpretiert. Es ist durchaus denkbar, daß sie auch auf der Grundlage einer biologischen Theorie erklärbar sind, die auf dem Cell Assembly-Ansatz aufbaut. Für eine solche Erklärung müßte das hier vorgestellte Modell im Hinblick auf weitere Aspekte der Syntax- und Semantikverarbeitung spezifiziert werden. Nicht nur die vorgestellten Forschungsergebnisse, sondern auch der hier gegebene kurze Ausblick, kann nur die Richtung angeben, die eine fruchtbare Sprach- und Kognitionswissenschaft der Zukunft einschlagen kann. Was aber aufgrund dieser Arbeit evident geworden sein dürfte, ist, daß es beim gegenwärtigen Stand der Neurowissenschaft unabdingbar ist, Gehirntheorien der Kognition zu entwickeln und sie als Grundlage für zielgerichtete empirische Forschung zu nutzen. Nur so kann dem Ziel der Aufklärung komplexer Hirnleistungen nähergekommen werden.

6. Zusammenfassung

Die der Sprache zugrundeliegenden neuronalen Mechanismen lassen sich im Rahmen einer auf Donald Hebb zurückgehenden Gehirntheorie spezifizieren und in Verhaltensexperimenten und physiologischen Untersuchungen erforschen. Nach diesem neurobiologischen Modell der Sprache entsprechen Wörter kortikalen Neuronennetzwerken, sogenannten *Cell Assemblies*, die (i) sich aufgrund häufiger gleichzeitiger Erregung von Neuronen ausbilden, (ii) stark intern verschaltet sind und deshalb (iii) je eine funktionelle Einheit bilden. Das Cell Assembly-Modell der Wortrepräsentation erlaubt eine Reihe empirischer Vorhersagen, von denen zwei nachfolgend expliziert sind.

(a) Die kortikale Verteilung eines lexikalischen Netzwerks ändert sich mit dem Worttyp. Cell Assemblies, die bedeutungsvollen *Inhaltswörtern* (Nomina, Verben, Adjektiven) entsprechen, sollten über den gesamten Kortex verteilt sein, während die neuronalen Korrelate von grammatikalischen *Funktionswörtern* (Pronomina, Artikel, Hilfsverben, Konjunktionen) auf die Sprachregionen in der Nähe der Sylvischen Furche beschränkt und stark nach links lateralisiert sein sollten.

(b) Nur Wörter einer Sprache, nicht aber bedeutungslose Buchstabenkombinationen (*Pseudowörter* wie "mälinch"), entsprechen kortikalen Cell Assemblies.

Es ist Ziel dieser Arbeit, diese gehirntheoretisch motivierten Annahmen durch experimentelle Daten zu untermauern und weitere empirirsche Vorhersagen sowie Perspektiven des sprachbiologischen Ansatzes zu diskutieren.

Kapitel 2 beginnt mit einer kurzen Darlegung klassischer neurologischer Sprachmodelle sowie neuerer modularistischer und linguistischer Ansätze. Dabei wird diskutiert, welche Aspekte neurologisch bedingter Sprachstörungen die jeweiligen Modelle erklären können. Daran schließt sich eine Einführung in die auf Hebb zurückgehende neurobiologische Sprachtheorie an. Es wird gezeigt, daß diese Theorie den vorgenannten Ansätzen im Hinblick auf die Erklärung aphasischer Defizite überlegen ist. Schließlich folgt ein Ausblick, wie neuronale Veränderungen im Verlauf von neuropsychologischer Rehabilitation modelliert werden können.

Mit Kapitel 3 beginnt der empirische Teil der Arbeit. Hier werden drei Experimente beschrieben, mit denen Voraussage (a) getestet wurde. Aus einem Verhaltensexperiment mit Normalpersonen*, einem Experiment mit Aphasikern* und einem psychophysiologischen Experiment ergibt sich Evidenz für die unterschiedliche Lokalisation der kortikalen Repräsentationen von Inhalts- und Funktionswörtern. Bei tachistoskopischer Darbietung dieser Wörter zeigen sich Verarbeitungsunterschiede zwischen rechtem und linkem visuellen Feld für Funktionswörter (Rechtsvorteil), nicht aber für Inhaltswörter, was für eine Linkslateralisierung der Funktionswort-Assemblies im Gehirn spricht. Bei Aphasikern zeigt sich, daß bei Schädigung innerhalb der perisylvischen (d.h. in der Nähe der Sylvischen Furche gelegenen) Sprachregionen vor allem Funktionswörter eines bestimmten Frequenzbereichs schlecht verarbeitet werden. Im psychophysiologischen Experiment evoziert die Verarbeitung von Inhaltswörtern über den beiden Hemisphären nahezu gleich viel Negativierung im Elektroenzephalogramm (EEG), während Funktionswort-Verarbeitung stärkere Zeichen neuronaler Aktivität über der linken Hemisphäre verursacht als über der rechten. Diese Ergebnisse stützen die Hypothese, daß Funktionswort-Assemblies stark lateralisiert und perisylvisch lokalisiert sind, wogegen Inhaltswort-Assemblies über den gesamten Kortex verteilt und nur schwach lateralisiert sind.

Kapitel 4 faßt eine weitere Experimentalserie zusammen, in der Unterschiede zwischen Wörtern und Pseudowörtern untersucht wurden (Voraussage (b)). Wieder wurden Verhaltensexperimente mit Normalpersonen und neurologischen Patienten (in diesem Fall mit Split-Brain Patienten) sowie psychophysiologische Untersuchungen durchgeführt. Bilaterale Präsentationen desselben Wortes im linken und rechten visuellen Feld beschleunigt die Wortverarbeitung bei Hirngesunden, jedoch nicht beim Split-Brain Patienten. Dies kann durch Summationsprozesse in transkortikalen Assemblies erklärt werden, die durch Fasern des Corpus callosum vermittelt werden. Pseudowörter zeigen keinen Verarbeitungsvorteil bei bilateraler Präsentation. Dies war vorhergesagt, da für Pseudowörter keine transkortikalen Assemblies und dementsprechend keine interhemisphärischen Summationsprozesse angenommen werden. Auch im Elektroenzephalogramm (EEG) und im Magnetoencephalogramm (MEG) wurden Unterschiede zwischen den beiden Stimulusklassen beobachtet. Hochfrequente periodische bioelektrische bzw. biomagnetische Aktivität ist nach Wortpräsentation stärker

---

* Es sei darauf hingewiesen, daß sich personenbezogene Ausdrücke wie "Versuchsperson", "Proband", "Patient" oder "Aphasiker" in dieser Arbeit immer auf beide Geschlechter beziehen. Die Verwendung von Formen wie "Proband/inn/en" unterbleibt aus Verständlichkeitsgründen.

als nach Präsentation von Pseudowörtern. Dies spricht für die Annahme, daß bei der Wortwahrnehmung eine große kortikale Neuronenpopulation kohärent und periodisch aktiv wird, nicht jedoch nach Pseudowortdarbietung. Auch diese Befunde liefern Evidenz für die Existenz kortikaler Assemblies, die Wörtern entsprechen.

Während in den *Kapiteln 3* und *4* die kortikale Wortrepräsentation im Vordergrund steht, werden in *Kapitel 5* weiterführende Fragen der Sprachbiologie behandelt. In zwei Abschnitten werden elementare Gehirnmechanismen diskutiert, die dem Spracherwerb und der Verarbeitung komplexer syntaktischer Konstruktionen zugrundeliegen könnten. In der abschließenden Diskussion wird auf Desiderata des sprachbiologischen Ansatzes hingewiesen. Es wird argumentiert, daß die Integration von theoretischen und empirischen Befunden aus der Neuropsychologie, der Psychophysiologie und der Sprachwissenschaft auf dem Boden einer umfassenden Gehirntheorie sinnvoll und fruchtbar ist.

7. Literatur

Abeles M (1982) *Local cortical circuits. An electrophysiological study*. Berlin: Springer.

Abeles M (1991) *Corticonics - Neural circuits of the cerebral cortex*. Cambridge: Cambridge University Press.

Aboitiz F, Scheibel AB, Fisher RS & Zaidel E (1992) Fiber composition of the human corpus callosum. *Brain Research*, **598**, 143-153.

Ahissar E, Vaadia E, Ahissar M, Bergman H, Arieli A & Abeles M (1992) Dependence of cortical plasticity on correlated activity of single neurons and on behavior context. *Science*, **257**, 1412-1415.

Bach E, Brown C & Marslen-Wilson W (1986) Crossed and nested dependencies in German and Dutch: a psycholinguistic study. *Language and Cognitive Processes*, **1**, 249-262.

Basser LS (1962) Hemiplegia of early onset and the faculty of speech with special reference to the effects of hemispherectomy. *Brain*, **85**, 427-460.

Basso A, Capitani E, Laiacona M & Zanobio ME (1985) Crossed aphasia: one or more syndromes? *Cortex*, **21**, 25-45.

Benson DF (1979) Neurologic correlates of anomia. In: *Studies in neurolinguistics. Volume 4*. Edited by HA Whitaker, H Whitaker. New York: Academic Press.

Benson DF & Geschwind N (1971) Aphasia and related cortical disturbances. In: *Clinical neurology*. Edited by AB Baker, LH Baker. New York: Harper and Row.

Benson DF, Sheremata WA, Buchard R, Segarra J, Price D & Geschwind N (1973) Conduction aphasia. *Archives of Neurology*, **28**, 339-346.

Berthier ML, Starkstein SE, Leiguarda R, Ruiz A, Mayberg HS, Wagner H, Price TR & Robinson RG (1991) Transcortical aphasia - importance of the nonspeech dominant hemisphere in language repetition. *Brain*, **114**, 1409-1427.

Bierwisch M (1982) Semantische und konzeptuelle Repräsentation lexikalischer Einheiten. In: *Untersuchungen zur Semantik (Studia Grammatica XXII)*. Edited by R Ruzicka, W Motsch. Berlin: Akademie Verlag. 61-99.

Bierwisch M (1983) Psychologische Aspekte der Semantik natürlicher Sprachen. In: *Richtungen moderner Semantikforschung*. Edited by W Motsch, D Viehweger. Berlin: Akademie Verlag. 15-64.

Bierwisch M (1990) Perspectives on mind, brain, and language. In: *Speech acts, meaning and intention*. Edited by A Burkhardt. Berlin, New York: Springer. 391-428.

Birbaumer N, Elbert T, Canavan AGM & Rockstroh B (1990) Slow Potentials of the Cerebral Cortex and Behavior. *Physiological Review*, **70**, 1-41.

Birdsong D (1992) Ultimate attainment in second language acquisition. *Language*, **68**, 706-755.

Bogen JE & Bogen GM (1976) Wernicke's region - where is it? *Annals of the New York Academy of Sciences*, **280**, 834-843.

Bogen JE, Schultz DH & Vogel PJ (1988) Completeness of callosotomy shown by magnetic resonance imaging in the long term. *Archives of Neurology*, **45**, 1203-1205.

Bonhöffer T, Staiger V & Aertsen AMHJ (1989) Synaptic plasticity in rat hippocampal slice cultures: local "Hebbian" conjunction of pre- and postsynaptic stimulation leads to distributed synaptic enhancement. *Proceedings of the National Academy of Sciences*, **86**, 8113-8117.

Braitenberg V (1978) Cell assemblies in the cerebral cortex. In: *Theoretical approaches to complex systems. (Lecture notes in biomathematics, vol. 21)*. Edited by R Heim, G Palm. Berlin: Springer. 171-188.

Braitenberg, V.(1980). Alcune considerazione sui meccanismi cerebrali del linguaggio. In G. Braga, V. Braitenberg, C. Cipolli, E. Coseriu, S. Crespi-Reghizzi, J. Mehler & R. Titone, (Eds.) *L'accostamento interdisciplinare allo studio del linguaggio* (pp. 96-108). Milano: Franco Angeli Editore.

Braitenberg V & Pulvermüller F (1992) Entwurf einer neurologischen Theorie der Sprache. *Naturwissenschaften*, **79**, 103-117.

Braitenberg V & Schüz A (1991) *Anatomy of the cortex. Statistics and geometry*. Berlin: Springer.

Braitenberg V & Schüz A (1992) Basic features of cortical connectivity and some considerations on language. In: *Language origin: a multidisciplinary approach*. Edited by J Wind, B Chiarelli, BH Bichakjian, A Nocentini, A Jonker. Dordrecht: Kluwer. 89-102.

Broca P (1861) Remarques sur la siège de la faculté de la parole articulée, suivies d'une observation d'aphémie (perte de parole). *Bulletin de la Société d'Anatomie*, **36**, 330-357.

Brodmann K (1909) *Vergleichende Lokalisationslehre der Großhirnrinde*. Leipzig: Barth.

Cacioppo JT, Tassinary LG & Fridlund AJ (1990) The skeletomotor system. In: *Principles of psychophysiology. Physical, social, and inferential elements*. Edited by JT Cacioppo, LG Tassinary. Cambrigde: Cambridge University Press. 325-384.

Caplan D (1987) *Neurolinguistics and linguistic aphasiology. An introduction*. Cambridge, MA: Cambridge University Press.

Caplan D (1992) *Language: structure, processing, and disorders*. Cambridge, MA: MIT Press.

Caplan D & Futter C (1986) Assignment of thematic roles to nouns in sentence comprehension by an agrammatic patient. *Brain and Language*, **27**, 117-134.

Caramazza A & Zurif EB (1976) Dissociation of algorithmic and heuristic processes in sentence comprehension: evidence from aphasia. *Brain and Language*, **3**, 572-582.

Carr MS, Jacobson T & Boller F (1981) Crossed aphasia: analysis of four cases. *Brain and Language*, **14**, 190-202.

Chiarello C & Nuding S (1987) Visual field effects for processing content and function words. *Neuropsychologia*, **25**, 539-548.

Chomsky N (1959) Review of "Verbal behavior" by B.F. Skinner. *Language*, **35**, 26-58.

Chomsky N (1963) Formal properties of grammars. In: *Handbook of mathematical psychology. Volume 2*. Edited by RD Luce, RR Bush, E Galanter. New York, London: Wiley. 323-418.

Chomsky N (1965) *Aspects of the theory of syntax*. Cambridge: MIT Press.

Chomsky N (1980) *Rules and representations*. New York: Columbia University Press.

Chomsky N (1981) *Lectures on government and binding*. Dordrecht: Foris.

Chomsky N (1982) *Some concepts and consequences of the theory of government and binding*. Cambridge, MA: MIT Press.

Chomsky N (1986) *Knowledge of language: its nature, origin, and use*. New York: Praeger.

Chomsky N & Miller GA (1963) Introduction to the formal analysis of natural languages. In: *Handbook of mathematical psychology. Volume 2*. Edited by RD Luce, RR Bush, E Galanter. New York, London: Wiley. 269-321.

Conel JL (1939) *The postnatal development of the human cerebral cortex. Volumes 1-8*. Cambridge, MA: Harvard University Press. -1967.

Cornell TL (1992) *Description theory, licensing theory, and principle-based grammars and parsers*. Los Angeles, CA: University of California.

Cornell TL, Fromkin VA & Mauner G (1990) *A formal model of linguistic processing: evidence from aphasia. Technical report UCLA-CSRP-90-10.*
Curtiss S (1977) *Genie: a psycholinguistic study of a modern-day wild child.* New Tork: Academic Press.
Curtiss S (1981) Feral children. In: *Mental retardation and developmental disabilities. Volume XII.* Edited by J Wortis. New York: Brunner/Mazel Publishers. 129-161.
Curtiss S (1988) Abnormal language acquisition and grammar: evidence for modularity of language. In: *Language, speech and mind. Studies in honour of Victoria A. Fromkin.* Edited by LM Hyman, CN Li. London, New York: Routledge. 81-102.
Damasio AR & Damasio H (1992) Brain and Language. *Scientific American*, **267** (#3), 89-95.
Damasio AR, Damasio H, Tranel D & Brandt JP (1990) Neural regionalization of knowledge access: preliminary evidence. In: *Cold Spring Harbour Symposia on Quantittative Biology. Vol. LV: the brain.* Cold Spring Harbour: Cold Spring Harbour Laboratory Press.
Damasio AR & Tranel D (1993) Nouns and verbs are retrieved with differently distributed neural systems. *Proceedings of the National Academy of Sciences*, **90**, 4957-4960.
Damasio H & Damasio AR (1980) The anatomical basis of conduction aphasia. *Brain*, **103**, 337-350.
Damasio, H., Grabowski, T.J., Tranel, D., Hichwa, R.D. & Damasio, A.R. (1996). A neural basis for lexical retrieval. *Nature, 380,* 499-505.
Deacon TW (1988) Human brain evolution: 1. evolution of language circuits. In: *Intelligence and evolutionary biology.* Edited by HJ Jerison, I Jerison. Berlin: Springer.
Deacon TW (1992a) The neural circuitry underlying primate calls and human language. In: *Language origin: a multidisciplinary approach.* Edited by J Wind, B Chiarelli, BH Bichakjian, A Nocentini, A Jonker. Dordrecht: Kluwer Academic Publishers. 121-162.
Deacon TW (1992b) Cortical connections of the inferior arcuate sulcus cortex in the macaque brain. *Brain Research*, **573**, 8-26.
Dichgans J (1994) Die Plastizität des Nervensystems. *Zeitschrift für Pädagogik*, **40**, 229-246.
Eckhorn R, Bauer R, Jordan W, Brosch M, Kruse W, Munk M & Reitboeck HJ (1988) Coherent oscillations: a mechanism of feature linking in the visual cortex? Multiple electrode and correlation analysis in the cat. *Biological Cybernetics*, **60**, 121-130.
Eimas PD & Galaburda AM (1989) Some agenda items for a neurobiology of cognition: An introduction. *Cognition*, **33**, 1-23.
Eimas PD, Siqueland ER, Jusczyk PW & Vigorito J (1971) Speech perception in infants. *Science*, **171**, 303-306.
Elbert T, Lutzenberger W, Rockstroh B & Birbaumer N (1985) Removal of ocular artifacts from the EEG - a biophysical approach to the EOG. *Electroencephalography and Clinical Neurophysiology*, **60**, 455-463.
Elman, J.L. (1993). Learning and development in neural networks: the importance of starting small. *Cognition, 48,* 71-99.
Engel AK, König P, Kreiter AK, Schillen TB & Singer W (1992) Temporal coding in the visual cortex: new vistas on integration in the nervous system. *Trends in Neurosciences*, **15**, 218-226.
Felix SW (1981) On the (in)applicability of Piagetian thought to language learning. *Studies in Second Language Acquisition*, **3**, 201-220.
Felix SW (1985) More evidence on competing cognitive systems. *Second Language Research*, **1**, 47-72.
Flechsig P (1920) *Anatomie des menschlichen Gehirns und Rückenmarks auf myelogenetischer Grundlage.* Leipzig: Georg Thieme Verlag.
Fodor JA (1983) *The modulatity of mind.* Cambridge, MA: MIT Press.

Francis WN & Kucera H (1982) *Computational analysis of english usage: lexicon and grammar*. Boston: Houghton Mifflin.

Friederici A, Pfeifer E & Hahne A (1993) Event-related brain potentials during natural speech processing: effects of semantic, morphological and syntactic violations. *Cognitive Brain Research*, **1**, 183-192.

Friederici AD (1982) Syntactic and semantic processes in aphasic deficits: the availability of prepositions. *Brain and Language*, **15**, 249-258.

Friederici AD (1985) Levels of processing and vocabulary types: evidence from on-line comprehension in normals and agrammatics. *Cognition*, **19**, 133-166.

Fry DB (1966) The development of the phonological system in the normal and deaf child. In: *The genesis of language*. Edited by F Smith, GA Miller. Cambridge, MA: MIT Press. 187-206.

Fuster JM (1989) *The prefrontal cortex: anatomy, physiology, and neuropsychology of the frontal lobe*. New York: Raven Press.

Fuster JM (1990) Inferotemporal units in selective visual attention and short-term memory. *Journal of Neurophysiology*, **64**, 681-697.

Fuster JM (1994) *Memory in the cerebral cortex: an empirical approach to neural networks in the human and nonhuman primate*. Cambridge, MA: MIT Press.

Galaburda AM, Rosen GD & Sherman GF (1991) Cerebrocortical asymmetry. In: *Cerebral cortex. Volume 9: Normal and altered states of function*. Edited by A Peters, EG Jones. New York: Plenum Press. 263-277.

Garrett M (1975) The analysis of sentence production. In: *The psychology of learning and motivation: advances in research and theory. Volume 9*. Edited by G Bower. New York: Academic Press.

Garrett M (1976) Syntactic processes in sentence production. In: *New approaches to language mechanisms*. Edited by R Wales, E Walker. Amsterdam: North Holland.

Garrett M (1980) Levels of processing in sentence production. In: *Language Production I*. Edited by B Butterworth. London: Academic Press. 177-220.

Garrett M (1984) The organization of processing structures for language production. In: *Biological perspectives on language*. Edited by D Caplan, AR Lecours, A Smith. Cambridge, MA: MIT Press. 172-193.

Garrett M (1988) Processes in language production. In: *Linguistics: The Cambridge Survey III: language: psychological and biological aspects*. Edited by FJ Newmeyer. Cambridge, MA: Cambridge University Press. 69-96.

Geschwind N (1970) The organization of language and the brain. *Science*, **170**, 940-944.

Geschwind N, Quadfasel FA & Segarra JM (1968) Isolation of the speech area. *Neuropsychologia*, **6**, 327-340.

Gibson KR (1991) Myelination and behavioral development: a comparative perspective on questions of neoteny, altriciality and intelligence. In: *Brain maturation and cognitive development: comparative and cross-cultural perspectives*. Edited by KR Gibson, AC Petersen. New York: Aldine de Gruyter. 29-63.

Goldstein K (1917) Die transcorticalen Aphasien. *Ergebnisse der Neurologie und Psychiatrie*, **2**, 349-629.

Golston C (1991) *Both lexicons*. Los Angeles: Dissertation, University of California.

Goodglass H & Kaplan E (1972) *The assessment of aphasia and related disorders*. Philadelphia: Lea & Febiger.

Gray CM, König P, Engel AK & Singer W (1989) Oscillatory responses in cat visual cortex exhibit inter-columnar synchronization which reflects global stimulus properties. *Nature*, **338**, 334-337.

Grodzinsky Y (1986) Language deficits and the theory of syntax. *Brain and Language*, **27**, 135-159.

Grodzinsky Y (1990) *Theoretical perspectives on language deficits.* Cambridge, London: MIT Press.

Grossi D, Trojano L, Chiacchio L, Soricelli A, Mansi L, Postiglione A & Salvatore M (1991) Mixed transcortical aphasia: Clinical features and neuroanatomical correlates. A possible role of the right hemisphere. *European Neurology,* **31**, 204-211.

Gustafsson B, Wigström H, Abraham WC & Huang YY (1987) Long term potentiation in the hippocampus using depolarizing current pulses as the conditioning stimulus to single volley synaptic potentials. *Journal of Neuroscience,* **7**, 774-780.

Hagoort P, Brown C & Groothusen J (1993) The syntactic positive shift (SPS) as an ERP measure of syntactic processing. In: *Event-related potentials in the study of language. A special issue of Language and Cognitive Processes.* Edited by S Garnsey. Hillsdale, NJ: Lawrence Erlbaum.

Hayes TL & Lewis DA (1993) Hemispheric differences in layer III pyramidal neurons of the anterior language area. *Archives of Neurology,* **50**, 501-505.

Hebb DO (1949) *The organization of behavior. A neuropsychological theory.* New York: John Wiley.

Hellige JB (1987) Interhemispheric interaction: models, paradigms, and recent findings. In: *Duality and unity of the brain.* Edited by D Ottoson. Hampshire: MacMillan Press. 454-465.

Hellige JB, Cowin EL, Eng T & Sergent V (1991) Perceptual reference frames and visual field asymmetries for verbal processing. *Neuropsychologia,* **29**, 929-939.

Hellige JB, Jonsson JE & Michimata C (1988) Processing from LVF, RVF and BILATERAL presentations: examinations of metacontrol and interhemispheric interaction. *Brain and Cognition,* **7**, 39-53.

Hellige JB & Michimata C (1989) Visual laterality for letter comparison: effects of stimulus factors, response factors, and metacontrol. *Bulletin of the Psychonomic Society,* **27**, 441-444.

Hellige JB, Taylor AK & Eng TL (1989) Interhemispheric interaction when both hemispheres have access to the same stimulus information. *Journal of Experimental Psychology: Human Perception and Performance,* **15**, 711-722.

Hickok G (1992) *Agrammatic comprehension and the trace-deletion hypothesis. Center for cognitive science, MIT, occasional papers #45.* Unpub. Ms.

Hjorth B (1975) An on-line information of EEG scalp potentials into orthogonal source derivations. *Electroencephalography and Clinical Neurophysiology,* **39**, 526-530.

Holcomb PJ & Neville HJ (1990) Auditory and visual semantic priming in lexical decision: a comparision using event-related brain potentials. *Language and Cognitive Processes,* **5**, 281-312.

Hubel D (1988) *Eye, brain, and vision.* New York: Freeman.

Huber W, Poeck K & Weniger D (1989) Aphasie. In: *Klinische Neuropsychologie.* Edited by K Poeck. Stuttgart, New York: Thieme Verlag. 89-137.

Jain AN & Waibel AH (1990) Incremental parsing by modular recurrent connectionist networks. In: *Advances in neural information processing systems 2.* Edited by DS Touretzky. San Mateo, CA: Morgan Kaufmann.

Johnson JS (1992) Critical period effects in second language acquisition: the effect of written versus auditory materials on the assessment of grammatical competence. *Language Learning,* **42**, 217-248.

Johnson JS & Newport EL (1989) Critical period effects in second language learning: the influence of maturational state on the acquisition of English as a second language. *Cognitive Psychology,* **21**, 60-99.

Johnson JS & Newport EL (1991) Critical period effects on universal properties of language: the status of subjacency in the acquisition of a second language. *Cognitive Psychology,* **21**, 60-99.

Kertesz A (1982) *Western aphasia battery.* New York: Grune & Stratton.

Kertesz A (1984) Recovery from aphasia. *Advances in Neurology*, **42**, 23-39.
Kolk HHJ & Friederici AD (1985) Strategy and impairment in sentence understanding in Broca's and Wernicke's aphasia. *Cortex*, **21**, 47-67.
Kolk HHJ, Grunsven JFvan & Keyser A (1985) On parallelism between production and comprehension in agrammatism. In: *Agrammatism*. Edited by M-L Kean. New York: Academic Press. 165-206.
Koopman H & Sportiche D (1991) The position of subjects. *Lingua*, **85**, 211-258.
Kounios J & Holcomb PJ (1994) Concreteness effects in semantic priming: ERP evidence supporting dual-coding theory. *Journal of Experimental Psychology: Lerning, Memory and Cognition*, **20**, 804-823.
Kristeva-Feige R, Feige B, Makeig S, Ross B & Elbert T (1993) Oscillatory brain activity during human sensorimotor integration. *NeuroReport*, **4**, 1291-1294.
Kuhl PK, Williams KA, Lacerda F, Stevens KN & Lindblom B (1992) Linguistic experience alters phonetic perception in infants by 6 months of age. *Science*, **255**, 606-608.
Kutas M & Hillyard SA (1980) Reading Senseless Sentences: Brain Potentials Reflect Semantic Incongruity. *Science*, **207**, 203-205.
Kutas M & Hillyard SA (1984) Brain potentials during reading reflect word expectancy and semantic association. *Nature*, **307**, 161-163.
Lagerlund TD, Sharbrough FW, Jack CR,Jr., Erickson BJ, Strelow DC, Cicora KM & Busacker NE (1994) Determination of 10-20 system electrode locations using magnetic resonance scanning with markers. *Electroencephalography and Clinical Neurophysiology*, **86**, 7-14.
Law SK, Rohrbaugh JW, Adams CM & Eckhardt MJ (1993) Improving spatial and temporal resolution in evoked EEG responses using surface Laplacians. *Electroencephalography and Clinical Neurophysiology*, **88**, 309-322.
Lecours A (1975) Myelogenetic correlates of the development of speech and language. In: *Foundations of language development. Vol. 1*. Edited by EH Lenneberg, E Lenneberg. New York: Academic Press. 121-135.
Lecours AR (1981) Morphological maturation of the brain and functional lateralisation for verbal skills. In: *Lateralisation of language in the child*. Edited by Y Lebrun, O Zangwill. Lisse: Swets & Zeitlinger. 25-35.
Lenneberg EH (1967) *Biological foundations of language*. New York: Wiley.
Leuninger H (1989) *Neurolinguistik. Probleme, Paradigmen, Perspektiven*. Opladen: Westdeutscher Verlag.
Levelt WJM (1989) *Speaking. From intention to articulation*. Cambridge, MA: MIT Press.
Liberman AM, Cooper FS, Shankweiler DP & Studdert-Kennedy M (1967) Perception of the speech code. *Psychological Review*, **74**, 431-461.
Liberman AM & Mattingly IG (1985) The motor theory of speech perception revised. *Cognition*, **21**, 1-36.
Lichtheim L (1885) Über Aphasie. *Deutsches Archiv für Klinische Medicin*, **36**, 204-268.
Lines CR, Rugg MD & Milner AD (1984) The effects of stimulus intensity on visual evoked potential estimates of interhemispheric transmission time. *Experimental Brain Research*, **57**, 89-98.
Locke JL (1989) Babbling and early speech: continuity and individual differences. *First language*, **9**, 191-206.
Locke JL (1991) Structure and stimulation in the ontogeny of spoken language. *Developmental Psychobiology*, **23**, 621-643.
Lopez da Silva F (1991) Neural mechanisms underlying brain waves: from neural membranes to networks. *Electroencephalography and Clinical Neurophysiology*, **79**, 81-93.

Lutzenberger W, Pulvermüller F & Birbaumer N (1994) Words and pseudowords elicit distinct patterns of 30-Hz activity in humans. *Neuroscience Letters*, **176**, 115-118.

Lutzenberger W, Pulvermüller F, Elbert T & Birbaumer N (1995) Local 40-Hz activity in human cortex induced by visual stimulation. *Neuroscience Letters*, *183*, 39-42.

Makeig S (1993) Auditory event-related dynamics of the EEG spectrum and effects of exposure to tones. *Electroencephalography and Clinical Neurophysiology*, **86**, 283-293.

Martin, A., Wiggs, C.L., Ungerleider, L.G. & Haxby, J.V. (1996). Neural correlates of category-specific knowledge. *Nature*, *379*, 649-652.

Mehler J (1989) Language at the initial state. In: *Form reading to neurons*. Edited by AM Galaburda. Cambridge, MA: MIT Press. 189-216.

Menn L & Obler LK (1990) Cross-language data and theories of agrammatism. In: *Agrammatic aphasia. A cross-language narrative sourcebook. Volume 2*. Edited by L Menn, LK Obler. Philadelphia: John Benjamines. 1369-1388.

Miceli G, Mazzucchi A, Menn L & Goodglass H (1983) Contrasting cases of italian agrammatic aphasia without comprehension disorders. *Brain and Language*, **19**, 65-97.

Miceli G, Silveri M, Romani C & Caramazza A (1989) Variation in the pattern of omission and substitution of grammatical morphemes in the spontaneous speech of so-called agrammatic patients. *Brain and Language*, **36**, 447-492.

Miller GA & Chomsky N (1963) Finite models of language users. In: *Handbook of mathematical psychology. Volume 2*. Edited by RD Luce, RR Bush, E Galanter. New York, London: Wiley. 419-491.

Miller R (1987) Representation of brief temporal patterns, Hebbian synapses, and the left-hemisphere dominance for phoneme recognition. *Psychobiology*, **15**, 241-247.

Miller R & Wickens JR (1991) Corticostriatal cell assemblies in selective attention and in representation of predictable and controllable events: a general statement of corticostriatal interplay and the role of striatal dopamine. *Concepts in Neuroscience*, **2**, 65-95.

Mitzdorf U (1985) Current source density method and application in cat cerebral cortex: investigation of evoked potentials and EEG phenomena. *Physiological Review*, **65**, 37-100.

Mitzdorf U (1991) Physiological sources of evoked potentials. In: *Event-related brain research (EEG suppl. 42)*. Edited by CHM Brunia, G Mulder, MN Verbaten. Amsterdam: Elsevier. 47-57.

Mohr B, Pulvermüller F, Rayman J & Zaidel E (1994a) Interhemispheric cooperation during lexical processing is mediated by the corpus callosum: evidence from the split-brain. *Neuroscience Letters*, *181*, 17-21.

Mohr B, Pulvermüller F & Zaidel E (1994b) Lexical decision after left, right and bilateral presentation of content words, function words and non-words: evidence for interhemispheric interaction. *Neuropsychologia*, **32**, 105-124.

Mohr JP (1976) Broca's area and Broca's aphasia. In: *Studies in neurolinguistics. Vol. 1*. Edited by H Whitaker, HA Whitaker. New York: Academic Press. 201-235.

Mohr JP, Pessin MS, Finkelstein S, Funkenstein HH, Duncan GW & Davis KR (1978) Broca's aphasia: pathologic and clinical. *Neurology*, **28**, 311-324.

Molfese DL (1978) Left and right hemisphere involvement in speech perception. *Perception and Psychophysics*, **23**, 237-243.

Molfese DL (1984) Left hemispheric sensitivity to consonant sounds not displayed by the right hemisphere: electrophysiological correlates. *Brain and Language*, **22**, 109-127.

Molfese DL & Betz JC (1988) Electrophysiologiical indices of the early development of lateralization for language and cognition, and their implications for predicting later development. In: *Brain lateralization in children. Developmental implications.* Edited by DL Molfese, SJ Segalowitz. New York: Guilford Press. 171-190.

Molfese DL, Freeman RB & Palermo DS (1975) The ontogeny of brain lateralization for speech and nonspeech stimuli. *Brain and Language,* 2, 356-368.

Murthy VN, Aoki F & Fetz EE (1994) Synchronous oscillations in sensorymotor cortex of awake monkeys and humans. In: *Oscillatory event-related brain dynamics.* Edited by C Pantev, T Elbert, B Lütkenhöner. New York: Plenum.

Murthy VN & Fetz EE (1992) Coherent 25- to 35-Hz oscillations in the sensorimotor cortex of awake behaving monkeys. *Proceedings of the National Academy of Sciences,* 89, 5670-5674.

Müller CM, Rubin B & Schwab M (1993) Critical-period dependent expression of the myelin associate neurite growth inhibitor NI-35/250 in cat visual cortex. *Society of Neuroscience Abstracts,* 19, 240.

Neville H, Nicol JL, Barss A, Forster KI & Garrett MF (1991) Syntactically based sentence processing classes: evidence from event-related brain potentials. *Journal of Cognitive Neuroscience,* 3, 151-165.

Neville HJ, Mills DL & Lawson DS (1992) Fractionating language: different neural subsystems with different sensitive periods. *Cerebral Cortex,* 2, 244-258.

Newport EL (1990) Maturational constraints on language learning. *Cognitive Science,* 14, 11-28.

Oldfield RC (1971) The assessment and analysis of handedness: the Edinburgh Inventory. *Neuropsychologia,* 9, 97-113.

Ortmann WD (1975) *Hochfrequente deutsche Wortformen. Bde. 1 & 2.* München: Goethe-Institut, Arbeitsstelle für wissenschaftliche Didaktik.

Osterhout L & Holcomb PJ (1992) Event-related brain potentials elicited by syntactic anomaly. *Journal of Memory and Language,* 31, 785-806.

Palm G (1982) *Neural assemblies.* Berlin: Springer.

Palm G (1990) Cell assemblies as a guideline for brain research. *Concepts in Neuroscience,* 1, 133-147.

Palm G (1993) On the internal structure of cell assemblies. In: *Brain theory: spatio-temporal aspects of brain function.* Edited by A Aertsen. Amsterdam: Elsevier. 261-270.

Pantev C, Makeig S, Hoke M, Galambos R, Hampson S & Gallen C (1991) Human auditory evoked gamma-band magnetic fields. *Proceedings of the National Academy of Sciences,* 88, 8996-9000.

Perrett DJ, Mistlin AJ & Chitty AJ (1987) Visual neurons responsive to faces. *Trends in Neuroscience,* 10, 358-364.

Perrett DJ, Rolls ET & Caan W (1982) Visual neurones responsive to faces in the monkey temporal cortex. *Experimental Brain Research,* 47, 329-342.

Perrett DJ, Smith PAJ, Potter DD, Mistlin AJ, Head AS, Milner AD & Jeeves MA (1984) Neurones responsive to faces in the temporal cortex: studies of functional organization, sensitivity to identity and relation to perception. *Human Neurobiology,* 3, 197-208.

Perrin F, Bertrand O & Pernier J (1987) Scalp current density mapping: value and estimation from potential data. *IEEE Transactions on Biomedical Engineering,* 34, 283-288.

Petitto LA & Marentette PF (1991) Babbling in manual mode: evidence for the ontogeny of language. *Science,* 251, 1493-1496.

Pfurtscheller G & Neuper C (1992) Simultaneous EEG 10 Hz desynchronization and 40 Hz synchronization during finger movements. *NeuroReport,* 3, 1057-1060.

Pick A (1913) *Die agrammatischen Sprachstörungen. Studien zur psychologischen Grundlegung der Aphasielehre.* Berlin.

Pinker S (1984) *Language, learnability and language development*. Cambridge, MA: Harvard University Press.
Polich J & Donchin E (1988) P300 and the word frequency effect. *Electroencephalography and Clinical Neurophysiology*, **70**, 33-45.
Preißl, H., Pulvermüller, F., Lutzenberger, W. & Birbaumer, N. (1995). Evoked potentials distinguish nouns from verbs. *Neuroscience Letters*, *197*, 81-83.
Previc FH (1991) A general theory concerning the prenatal origins of cerebral lateralization in humans. *Psychological Review*, **98**, 299-334.
Pulvermüller F (1989) Kommunikative Therapie der amnestischen Aphasie. *Sprache - Stimme - Gehör*, **13**, 32-36.
Pulvermüller F (1990a) *Aphasische Kommunikation. Grundfragen ihrer Analyse und Therapie*. Tübingen: Narr.
Pulvermüller F (1990b) Analyse aphasischer Kommunikation. In: *Medizinische und therapeutische Kommunikation. Diskursanalytische Untersuchungen*. Edited by K Ehlich, A Koerfer, A Redder, R Weingarten. Opladen: Westdeutscher Verlag. 292-308.
Pulvermüller F (1992a) Constituents of a neurological theory of language. *Concepts in Neuroscience*, **3**, 157-200.
Pulvermüller F (1992b) Bausteine einer neurologisch-linguistischen Theorie. In: *Linguistische Aspekte der Sprachtherapie. Forschung und Intervention bei Sprachstörungen*. Edited by G Rickheit, R Mellies, A Winnecken. Opladen: Westdeutscher Verlag. 21-48.
Pulvermüller F (1993) On connecting syntax and the brain. In: *Brain theory - spatio-temporal aspects of brain function*. Edited by A Aertsen. New York: Elsevier. 131-145.
Pulvermüller F (1994) Syntax und Hirnmechanismen. Perspektiven einer multidisziplinären Sprachwissenschaft. *Kognitionswissenschaft*, **4**, 17-31.
Pulvermüller F (1995a) Neurobiologie der Wortverarbeitung. *Naturwissenschaften*, *82*, 279-287.
Pulvermüller F (1995b) Agrammatism: behavioral description and neurobiological explanation. *Journal of Cognitive Neuroscience*, **7**, 165-181.
Pulvermüller F (1995c) What neurobiology can buy language theory. *Studies in Second Language Acquisition*, *17*, 73-77.
Pulvermüller, F. (1996). Hebb's concept of cell assemblies and the psychophysiology of word processing. *Psychophysiology*, *33*, 317-333.
Pulvermüller F, Eulitz C, Pantev C, Mohr B, Feige B, Lutzenberger W, Elbert T & Birbaumer N (1996a) Gamma-band brain responses reflect lexical processing: an MEG study. *Electroencephalography and Clinical Neurophysiology*, **98**, 76-85.
Pulvermüller F, Lutzenberger W & Birbaumer N (1995a) Electrocortical distinction of vocabulary types. *Electroencephalography and Clinical Neurophysiology*, **94**, 357-370.
Pulvermüller, F., Lutzenberger, W., Preißl, H. & Birbaumer, N. (1995b). Motor programming in both hemispheres: an EEG study of the human brain. *Neuroscience Letters*, *189*, 5-8.
Pulvermüller, F., Preißl, H., Lutzenberger, W. & Birbaumer, N. (1995c). Spectral responses in the gamma-band: physiological signs of higher cognitive processes? *NeuroReport*, **6**, 2057-2064.
Pulvermüller F, Mohr B, Sedat N, Hadler B, & Rayman J (1996c) Word class-specific deficits in Wernicke's aphasia. *Neurocase*, **2**, 203-212.
Pulvermüller F & Preißl H (1991) A cell assembly model of language. *Network*, **2**, 455-468.
Pulvermüller F & Preißl H (1994) Explaining aphasias in neuronal terms. *Journal of Neurolinguistics*, **8**, 75-81.

Pulvermüller F, Preißl H, Eulitz C, Pantev C, Lutzenberger W, Elbert T & Birbaumer N (1994a) Brain rhythms, cell assemblies, and cognition: evidence from the processing of words and pseudowords. *Psycoloquy*, **5 (48)**, 1-30.

Pulvermüller, F., Preißl, H., Eulitz, C., Pantev, C., Lutzenberger, W., Elbert, T. & Birbaumer, N.(1994b). Gamma-band responses reflect word/pseudoword processing. In C. Pantev, T. Elbert & B. Lütkenhöner, (Eds.) *Oscillatory event-related brain dynamics* (pp. 243-258). New York: Plenum Press.

Pulvermüller, F., Preißl, H., Lutzenberger, W. & Birbaumer, N. (1996b). Brain rhythms of language: nouns versus verbs. *European Journal of Neuroscience*, **8**, 937-941.

Pulvermüller F & Roth VM (1991) Communicative aphasia treatment as a further development of PACE therapy. *Aphasiology*, **5**, 39-50.

Pulvermüller F & Schönle PW (1993) Behavioral and neuronal changes during treatment of mixed-transcortical aphasia: a case study. *Cognition*, **48**, 139-161.

Pulvermüller F & Schumann J (1994) Neurobiological mechanisms of language acquisition. *Language Learning*, **44**, 681-734.

Pulvermüller, F. & Schumann, J.H. (1995). On the interpretation of earlier recovery of the second language after injection of sodium Amytal in the left middle cerebral artery. *Language Learning*, **45**, 729-735.

Rockstroh B, Elbert T, Canavan A, Lutzenberger W & Birbaumer N (1989) *Slow cortical potentials and behaviour*. Baltimore: Urban & Schwarzenberg.

Rosenbek JC, LaPointe LL & Wertz RT (1989) *Aphasia. A clinical approach*. Boston: College-Hill Press.

Rösler F & Heil M (1991) Towards a functional categorization of slow waves - taking into account past and future events. *Psychophysiology*, **28**, 344-358.

Rösler F, Heil M & Glowalla U (1993) Monitoring retrieval from long-term memory by slow event-related potentials. *Psychophysiology*, **30**, 170-182.

Rubens AB & Kertesz A (1983) The localization of lesions in transcortical aphasias. In: *Localization in neuropsychology*. Edited by A Kertesz. New York: Academic Press.

Rugg MD (1990) Event-related potentials dissociate repetition effects of high- and low-frequency words. *Memory and Cognition*, **18**, 367-379.

Saron CD & Davidson RJ (1989) Visual evoked potential measures of interhemispheric transfer time in humans. *Behavioral Neuroscience*, **103**, 1115-1138.

Schnelle H (1994) Sprache und Gehirn: Sprachfähigkeit als neuronales Netz. *Kognitionswissenschaft*, **4**, 1-16.

Schumann J (1976) Second language acquisition; the pidginization hypothesis. *Language Learning*, **26**, 391-408.

Schumann J (1978) *The pidginization process: a model for second language acquisition*. Rowley, MA: Newbury House.

Schumann J (1986) Research on the acculturation model for second language acquisition. *Journal of Multilingual and Multicultural Development*, **7**, 379-392.

Schumann J (1990) The role of the amygdala as a mediator of affect and cognition in second language acquisition. In: *Georgetown University round table on language and linguistics 1990*. Edited by J Alatis. Washington, DC: Georgetown University Press. 169-176.

Schwab ME & Caroni P (1988) Oligodendrocytes and CNS myelin are non-permissive substrates for neurite growth and fibroblast spreading in vitro. *Journal of Neuroscience*, **8**, 2381-2393.

Singer W (1994) Putative functions of temporal correlations in neocortical processing. In: *Large scale neuronal theories of the brain*. Edited by C Koch, J Davis. Boston, MA: MIT Press.

Singer, W. (1995). Development and plasticity of cortical processing architectures. *Science*, 270, 758-764.
Singer, W. & Gray, C.M. (1995). Visual feature integration and the temporal correlation hypothesis. *Annual Review in Neuroscience*, 18, 555-586.
Skinner BF (1957) *Verbal Behavior*. New York: Appleton-Century-Crofts.
Smith A (1966) Speech and other functions after left (dominant) hemispherectomy. *Journal of Neurology, Neurosurgery and Psychiatry*, 29, 467-471.
Steinmetz H (1992) *Anatomische und funtionelle Hemisphären-Asymmetrie*. Stuttgart: Hippokrates.
Steinschneider M, Arezzo J & Vaughan HG,Jr. (1982) Speech evoked activity in the auditory radiations and cortex of the awake monkey. *Brain Research*, 252, 353-365.
Van Petten C & Kutas M (1991) Influences of semantic and syntactic context on open- and closed-class words. *Memory and Cognition*, 19, 95-112.
Vanier M & Caplan D (1990) CT-scan correlates of agrammatism. In: *Agrammatic aphasia. A cross-language narrative sourcebook. Vol. 1*. Edited by L Menn, LK Obler. Amsterdam, Philadelphia: John Benjamines. 37-114.
von der Malsburg C (1986) Am I thinking assemblies? In: *Brain theory*. Edited by G Palm, A Aertsen. Berlin: Springer. 161-176.
Weber-Fox CM & Neville HJ (1992a) Maturational constraints on cerebral specializations for language processing: ERP and behavioral evidence in bilingual speakers. *Society of Neuroscience Abstracts*, 18.
Weber-Fox CM & Neville HJ (1992b) *Maturational constraints on cerebral specializations for language processing: ERP and behavioral evidence in bilingual speakers. Poster presented at the Society of Neuroscience meeting, Anaheim, CA, 10/26/1992*. Unpublished Manuscript.
Weigl E (1981) *Neuropsychology and neurolinguistics*. The hague: Mouton.
Weigl E & Bierwisch M (1970) Neuropsychology and linguistics. Topics of common research. *Foundations of Language*, 6, 1-18.
Wernicke C (1874) *Der aphasische Symptomencomplex. Eine psychologische Studie auf anatomischer Basis*. Breslau: Kohn und Weigert.
Whitfield IC & Evans EF (1965) Responses of auditory cortical neurons to stimuli of changing frequency. *Journal of Neurophysiology*, 28, 655-672.
Wickens J (1993) *A theory of the striatum*. Oxford: Pergamon Press.
Woods BT (1983) Is the left hemisphere specialized for language at birth? *Trends in Neuroscience*, 6, 115-117.
Zaidel E (1976) Auditory vocabulary of the right hemisphere following brain bisection or hemidecortication. *Cortex*, 12, 191-211.
Zaidel E (1983) On multiple representations of the lexicon in the brain. In: *Psychobiology of language*. Edited by M Studdert-Kennedy. Cambridge, MA: MIT Press. 105-125.
Zaidel E (1985) Language in the right hemisphere. In: *The dual brain*. Edited by DF Benson, E Zaidel. New York: Guilford. 205-231.
Zaidel E (1989) Hemispheric independence and interaction in word recognition. In: *Brain and reading*. Edited by C von Euler, I Lundberg, G Lennerstrand. Hampshire: Macmillan. 77-97.
Zaidel E (1990) Language function in the two hemispheres following cerebral commissurotomy and hemispherectomy. In: *Handbook of neuropsychology, Vol. 4*. Edited by F Boller, J Grafman. Amsterdam: Elsevier. 115-150.
Zaidel E, Zaidel DW & Bogen JE (1990) Testing the commissurotomy patient. In: *Neuromethods, Vol. 17: Neuropsychology*. Edited by AA Boulton, GB Baker, M Hiscock. Clifton, NY: Humana Press.

Zurif E, Swinney D & Garrett M (1990) Lexical processing and sentence comprehension in aphasia. In: *Cognitive neuropsychology and neurolinguistics. Advances in models of cognitive function and impairment.* Edited by A Caramazza. Hillsdale, NJ: Lawrence Erlbaum Assoociates. 123-136.

Zurif EB (1990) Language and the brain. In: *Language. An invitation to cognitive science. Vol. 1.* Edited by DN Osherson, H Lasnik. Cambridge, MA, London: Bradford Book, MIT Press. 177-198.

Zurif EB & Caramazza A (1976) Psycholinguistic structure in aphasia: studies in syntax and semantics. In: *Studies in neurolinguistics. Vol. 1.* Edited by H Whitaker, HA Whitaker. New York: Academic Press. 261-292.